論理的にプレゼンする技術

玩着玩着就能成PPT高手

让你的PPT有料又有趣的秘诀

Jun Hirabayashi
[日]平林纯/著　颜翠/译

人物介绍

“山田、新米，来学习一下让人印象深刻的PPT方法吧。”
论川绘理
进公司8年，外号“PPT女王”。
……
新米只男
进公司3个月，什么都不会的新人。
山田一二三
进公司25年，外号“技术高手”。

前言

Foreword

一个成功的PPT，是将听众感兴趣的内容以一种通俗易懂的方式展现出来，并能够顺畅地传达给对方。

“听众感兴趣的内容”和“通俗易懂的表现方式、资料”这两者之间的关系，就像是“鸡”与“蛋”的关系。到底是先有鸡还是先有蛋？你也许会很好奇为什么打这样的比方？请听我慢慢道来。

大部分人都理所当然地认为，只要手头上有了一个“能吸引听众兴趣的内容”，基本上就成功了一半，接下来只需要考虑如何以一种“简单易懂的方式”将内容解释说明给听众听就可以了。

如果你真的这样想，那你可就太想当然了！“你手上的东西”完全等于“听众需求的东西”，这本身就是“天方夜谭”。人的思想能一模一样吗？现实中根本不存在一模一样的思想。

首先，“你要从听众的角度来考虑，自己手中的材料到底有何不足？”“自己想要说服的对象到底是什么样的人？”不断地思考、总结，然后重新整理加工自己手上的材料，这样才能得出“让听众感兴趣的内容”。

实际上，完全站在对方的立场思考，并且筛选手中的材料，是找到“通

前言
Foreword

俗易懂的表现方式、资料”的唯一途径。简言之，就是找出让听众感兴趣的内容，再采用让“听众能轻松听明白”的方式。

另一个方面，反复推敲寻找让“听众能轻松听明白”的方法。在这样的过程中，自然而然就能发现“吸引对方、使之感兴趣的内容”。

所以，让“听众感兴趣的内容”和“通俗易懂的表现方式、资料”就像鸡与蛋的关系一样，是同时存在、难分先后的。

本书的目的，就是为了让你学会“如何找到吸引对方的内容”和掌握“让对方轻松听明白的表达方式、制作资料的方法”。

不管是技术，还是日常的事务，做PPT都是日常工作中十分常见且重要的环节。本书将以明了易懂的漫画和插图的形式为你一一解密：如何利用PPT使听众的需求和自己所能提供的服务达到理解、共赢。

从本书的目录即可一目了然，如何围绕“听众的思想”展开论述，教你如何制作PPT的故事、文章、关键词等。正所谓，基础打好了，才能让建筑更坚实。虽然这些都是PPT最基本的要素，但千万不可轻视。本书还将以生动具体的例子教你如何准备简单易懂的素材，以及进行现场宣讲时的要点。

在别人进行PPT宣讲时，如果细心留意，你就会发现其实90%的人拿出来的资料都是典型的晦涩难懂，令听众大伤脑筋。

当然，如果你早已掌握了制作一个精彩PPT的奥秘，那么恭喜你。即使你猛然发现其实自己也是那90%中的一员，也不用着急，针对这些“典型的晦涩难懂”，本书给出了相应的解决之道。

阅读完这本书，你就能从各种制作PPT的误区中走出来，成为一个聪明绝顶的“PPT高手”，这正是本书最想要达到的目的！

最后，非常感谢本书的插画家，用众多简单有趣的图画为大家作了生动的说明。

平林纯

目录 / *CONTENTS*

怎样才是一个“精彩的PPT”

第1章 1

第2章 2

如何制作一个简单易懂的PPT

第3章 3 事前准备不能马虎

第4章 4 把握制作材料的大前提

目录 / *CONTENTS*

第5章 PPT制作的8个关键点

第6章 反面教材

第7章 7

9招让你的PPT引爆眼球

PPT做得漂亮，更要说得漂亮

8 第8章

后记

精神、自信!!

第1章

怎样才是一个“精彩的PPT”

Skill for logical presentation

1

1-1
你想向“谁”传达“什么”

首先，请回答以下两个问题：

Q1.你的PPT制作对象究竟是“什么样的人”？
Q2.你“想要传达给听众”的到底是什么？

如果能毫不犹豫地明确回答出以上两个问题，那么你是一个完全明白自己要说什么的人。如果你对这两个问题犹豫不决、结结巴巴，那么就千万注意，危险了！

一个“优秀的PPT”，能够把你的想法展示给想要展示的人，并让对方理解、甚至按照你的方案去行动。如果你没有事先在脑海中好好地思考“想要表达的内容”以及“想要表达的对象”，那么，这样已经是一个失败的PPT的开始。

因为，连自己都不明白想要说的是什么，又如何能说服别人呢？当然更不可能得到对方的理解和认同，就更别提让对方采纳你的想法并按之行事。这样制作出来的PPT，不但得不到听众的赏识，而且根本不会有听众浪费时间听你说完。这离“一个优秀的PPT”目标十万八千里，简直就是百分之百的失败！

图1 一个"优秀的PPT"所经历的三步骤

★你想向“谁”传达“什么”？

好好地思考一下这个问题吧，因为这是制作一个“成功的PPT”的第一步！不是得出一个模糊的概念就行，而是要深刻地理解听众和自己的PPT。

以下面的例子来详细说明：假如你有一个暗恋已久的对象，终于有一天你下定决心要行动了！你鼓足了勇气想对她说“请和我结婚吧”，其实就相当于制作了一个简单的PPT。

“英语达人”应该知道，英语中“求婚”和“PPT”正是同一个单词“propose”，所以，“求婚”其实就是你对“喜欢的人”传达一个“和我结婚”的PPT信息，并且让对方同意你的PPT，然后按照你的PPT去行动，最终达到和你结婚的目的。以上就是一个完美PPT的过程。

这样，你是不是更加清楚地理解PPT的三步骤了？

像这样事关一生的重大PPT，如果你没有在脑海中反复思考过“PPT的对象”，导致最后求婚的时候搞错了对象，那可就大大不妙！又或者，如果你自己都不能理解、说明“和你结婚”的充分理由或好处，就更不可能说服对方“和你结婚”了吧？！

所以，你想向“谁”传达“什么”？这两项是整个PPT制作的重中之重！一定要慎之又慎地考虑清楚。

如果阐述的内容是技术方面的，那么首先必须去深入了解那项技术，否则你怎么可能向听众解释清楚这项技术的原理呢？

在这里教给你一个诀窍。你可以一边揣摩对方的性格，一边有目的地去了解那项技术的各个方面，这样就事半功倍了！不但思考清楚了听众是什么样的人，而且了解了自己想要传达的内容。

图2 求婚大作战

教你如何制作出一个精彩的"PPT"

1－2 对听众来说，“你的PPT价值在哪里”

当你在考虑PPT“对象”和“内容”的同时，你应该已经充分领会了自己所要表达的“内容”，就不会落入“自己不知道自己说什么”的尴尬境地。

还有一点需要特别注意，虽然你目前思考的方向和查找的资料完全正确，但这会是“对方想要听到的内容”吗？你是否真的是完全站在对方的立场上，从对方的角度来考虑整个方案呢？

一个成功的PPT，最关键的就是要让对方按照你说的去做。那么，到底在什么情况下，才能吸引听众按照你的方案去做呢？唯一的答案只有两个字——价值。

所谓“天下熙熙皆为利来，天下攘攘皆为利往”。只要你站在听众的角度，贴心地替他们考虑，有利益可得，那么听众就会自然地按照你说的去做。如果你只是站在自己的角度提议，又想要听众听从你的意见，那简直是痴人说梦！没有任何利益的事情，谁都不会浪费工夫的。

“一句话”总结听众的利益

看到这里，想必你已经知道，PPT的第一步是要先考虑“对象”和“PPT的内容”。接下来，你是否能够从自己的方案中发现任何对听众有利的价值呢？你能否用一句话迅速地总结出来呢？

这正是你的PPT能否说服听众的关键之处，也是一个成功的PPT不可或缺的！

图3 PPT必备知识测试
问答流程示意图

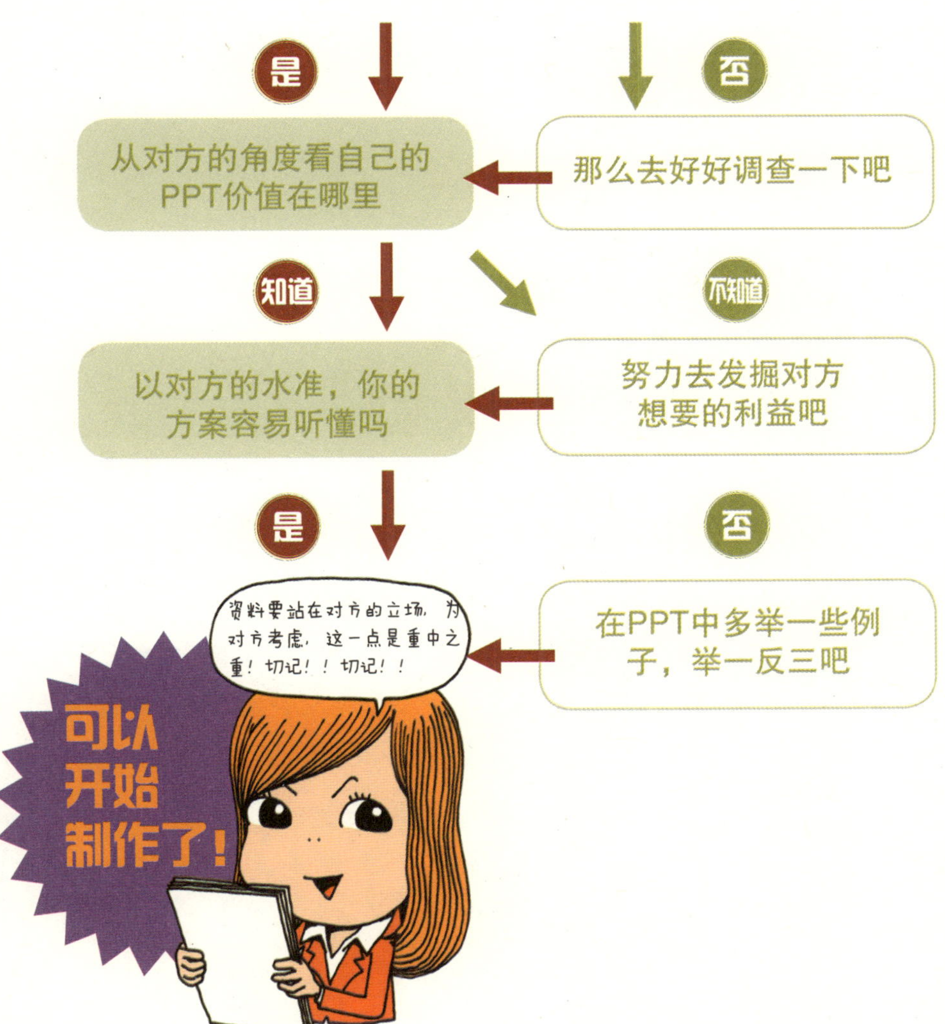

为了让对方能在第一时间明白你所要表达的内容，非常有必要将你的内容概括成一句话，这也是制作一个优秀的PPT必不可少的步骤。

站在对方的立场思考利益问题，不用说，这是一个很困难的过程。但是，一旦你成功地攻克了这个难题，就像解开一道数学难题一样，那种愉悦以及成就感是无法比拟的。所以，不要把它当做难以翻越的大山，何不换个角度去享受这个过程呢？

我们再拿“求婚大作战”来举例。虽然“求婚大作战”这个标题已经很好地表达出你的目的了，但是，你必须再想一个求婚口号，对吗？要不然，你或是保持沉默，或是啰啰嗦嗦说一大堆，但完全没有重点，她怎么知道你是想求婚，还是只想约她吃饭、看电影呢？！而且，这个口号必须让对方清楚地知道——和你结婚会有什么好处。

分析对方的个人现状，站在对方的立场上去考虑。假设按照你的PPT去行动，对她的将来会有什么益处呢？比如“我会爱你一生，照顾你的下半辈子，请把你自己放心大胆地交给我吧”，“我有房有车有存款，和我在一起，绝对不会让你为生活奔波”等，这样才能打动对方，让她接受你的“PPT方案”！

此外，如果是可以立刻改变对方现状的PPT，那么可以在脑海中描绘这样一个过程：“对方的现状”→“你的PPT”→“对方的将来（利益）”。按照这样的思路思考，就会相当容易地得出你想要的结果。关于具体的实践例子，请参照本书第2章“如何制作一个简单易懂的PPT”。

图4 "对方的现状"→"你的PPT"→"对方的将来（利益）"

1-3

“容易理解”=“逻辑正确”？大错特错

不管是PPT还是邮件、文章等，存在的目的就是与人沟通。其重点就在于，对方能够完全明白你的想法以及报告的内容等。就是说，为了让对方能够听明白你的意思，找到一个“容易理解”的表达方式很有必要。不过，怎么才能称得上是“容易理解”呢?

很多人都有这样的认识误区，认为“将正确的事实按照正确的逻辑表达出来，对方就会很容易明白你所说的”。常年接触研究报告、包括我在内的理科生们，大多数相信“正确的事实+正确逻辑=展开易理解的对话”这样一个方程式。

这个方程式虽然没什么错误，但并不是百分之百适用。假设现在站在你面前的是一个“对你说的内容没兴趣”或“初次听你讲话”的人，想要在有限的时间里以最快速易懂的方式将意思传达给对方，那么很遗憾，这个方程式可就完全不成立了，甚至还有可能给人留下“完全听不懂这人在说什么”的糟糕印象。

仔细想想，这也情有可原。对方既不是精通逻辑学的天才学者，也不是什么推理小说中的名侦探，如何能从你的对话中发现蛛丝马迹呢?！运气好的话，对方和你的思维处于一个维度上，也许能和你“心有灵犀一点通”；运气差的话，对方的逻辑能力比你还差，思路完全没什么条理，如果你还抱着“只要用逻辑的方式将事情一件件地讲出来就OK”的乐观想法，那就大错特错了！

那么，到底怎么做才等于“易理解”呢?

图5 理科生容易陷入的误区

1—4 "容易听懂"和因果关系是必然的联系

各位读者，请仔细回想一下，什么情况下你会觉得很容易就听懂别人说的话了呢？只有在某一种条件下，我们才会觉得容易听明白，那就是在日常生活中我们接触最多、思考最多的——"原因和结果"，即逻辑学上说的"因果关系"。而且，绝不是特别复杂的因果关系，只是直截了当的联系（原因、结果）。例如："演员A和演员B交恶（原因），所以二人共同主演的电影没有续集（结果）。"

日本著名作家、评论家永江朗[①]所著的《教你如何写出让读者感兴趣的文章》（NHK出版）一书中写道："比起'5W1H[②]'这种象征性的'事实的逻辑'，更应该着眼于'原因'和'结果'，注重'意思的逻辑性'。"这样写出来的文章才会让读者觉得有血肉、有吸引力。

无独有偶，日本小说家兼随笔家江国香织[③]在她的个人采访集《十五岁的余感》（新潮社出版）中说道:"语句的逻辑性，是指每句话中都具备了原因和结果。就像玩双六[④]一样，一步步有序地向前推进，对手为了不被落下，也一步步紧跟着。"

简单来说，就是"只要说话原因和结果有序，听者必然能够跟得上你的思路"。

如果这个世界上不存在因果关系，人们就无法发现事物之间的联系。

另一方面，假设你的话因果关系十分强烈，先不管这个因果关系是真还是假，都会有很多人相信。就像那些传说一样，虽然是现实中并不存在的故事，但是因为整个故事完整有序，所以人们很容易带入自己的感情。

图6 原因和结果的重要性

因此，如果你真想让对方不费吹灰之力地听懂你说的话，那么不妨多多思考，找出话语间的因果关系。听众觉得你的PPT条理清晰易懂，自然而然就会对你的PPT十分赞赏。

❶永江朗，日本早稻田大学教授，著名作家、评论家，有日本“出版业评论第一人”之称。
❷5W1H，是指管理工作中对目标计划进行分解和进行决策的思维程序。它对要解决问题的目的、对象、地点、时间、人员和方法提出一系列询问，并寻求解决问题的答案。Why——目的、What——对象、Where——地点、When——时间、Who——人员、How——方法。
❸江国香织（1964－ ），日本小说家，曾荣获2004年直木奖。作品贴近现实生活，道出女性特有的纤细感受。主要作品有《草之丞的故事》《寂寞东京塔》《冷静与热情之间Rosso》和诗集《糖渍紫罗兰》等。
❹双六，一种室内游戏，类似棋，两人隔棋盘对坐，与“大富翁”有点相似。

1-5 让对方觉得你的PPT“生动有趣”吧

在你的PPT中，必须包含以下三项：第一就是之前提到的“对于听众来说，你的PPT的价值在哪里”；第二是1－4中所述的“对于听众来说，你的PPT是否容易听懂”。那么第三是什么？就是“对于听众来说，你的PPT的趣味度”。简单地说，就是要让听众觉得你的PPT生动有趣。

日本江户时代的学者海保青陵[①]在谈到文章要用心写作时说道：“写文章就要让人容易看懂又觉得有趣，这有趣是最为关键的。文章无趣，就无法吸引人读下去；文章没有人读，自然也就无法出名。”

如果你的PPT既容易听懂又让人觉得有意思，那么你的PPT已经成功了八成。“八成”虽然没有具体的科学依据，但是听众的心情影响着现场的气氛、印象以及期待度等，都会让你的宣讲往好的方向发展。

你可能就要问了，怎样才能让PPT变得生动有趣呢？答案就是，没有唯一的答案。

例如：

★擅长交流的人可以利用间隙生动地说明PPT中的例子。

★十分严肃的人可以让对方感觉到严谨的有趣。

记住，要发挥自己的个性，让对方体会到你的PPT独有的乐趣。

①海保青陵（1755－1817），日本近代经世学家，著有《万物谈》等。

图7 让对话觉得"有趣"的重要性

1—6

PPT不可或缺的三要素

"利益""易懂""趣味"

用一句话总结我之前所有的内容：

★对于听众来说，你的PPT必须有以下三点：
"利益""易懂""趣味"。

"利益"是指如果按照你的PPT去做，他能够得到的好处。"易懂"是指不管对方是谁，都能够轻松、简单、自然地听得懂你的PPT故事。"趣味"就是你的PPT能直接让听众觉得生动有趣。

"广告"与PPT其实非常相似。在由众多广告策划人联合出版的《我的广告秘诀》（MADORA出版社出版）一书中，铃木康之提到一个优秀广告必须具备三个条件，就是"利益"、"浅显易懂"、"趣味"。"将商品的有用性以简单易懂、生动有趣的方式告诉对方，这是做广告的必备条件。"这和一个优秀PPT的要求是相同的。

"利益"有理由排在第一位。那么，发现对方的利益点难不难？其实很简单，首先要理解听众的想法，站在他的立场上考虑问题、整理你的PPT内容，自然而然地就发现听众需要的是什么。然后，阅读修改整个内容，自然就能做到"浅显易懂"与"趣味"兼备。

图8 完美PPT不可欠缺的三要素

★

首先自己必须清楚，你想要对听众说什么。

★

了解听众，站在对方的立场和角度来思考问题。

★

告诉听众，你的报告能给他带来什么好处。

★

有时候逻辑正确但僵硬死板，并不能让人听懂你在说什么。

★

PPT内容不要过于精深，平常、容易听懂的程度就可以。

善于把握话语间的因果关系。

★

展现你与众不同的一面，让听众乐意倾听你说下去。

★

最后，制作出一个兼顾“利益”、“易懂”、“趣味”的PPT来吧！

第2章

如何制作一个简单易懂的PPT

Skill for logical presentation

2

2-1 了解PPT的基本模式，让准备工作变得轻而易举

大多数情况下，在准备PPT制作、寻找材料的过程中，你自然会明白自己想要演示说明的是什么，接下来，在将多如牛毛的资料整理成通顺语言的过程中，你就能百分百地理解PPT所涉及的内容。

其实，PPT除了内容不同之外，模式大同小异。因此，一般只要按照模式去做，制作PPT就会变得轻而易举。

以下是我总结的PPT的三种基本模式。

图1 了解PPT的三种基本模式

① 分析听众的“现状问题”，然后在你的PPT中提出“解决办法”。

听众的现状：“唉，这个问题一直解决不了，真头疼！” → 你的PPT：“您在×××方面的问题，我可以用OOO的办法为您解决。”

② 分析听众犹豫不决的“多重选项”，发现“利益”之所在。

听众（犹豫不决）：“到底是该优先控制成本，还是该优先保证质量呢？” → 因为×××等原因，您应该重视品质！

③ 分析“自己公司和其他公司的现状”，找出努力方向。

老板对产品的销量很担忧：“这个产品的性能、成本、设计以及广告等到底符不符合市场需要……能不能拼过其他公司呢？” → 你的PPT：“这个产品没有知名度是最大的问题。”“虽然产品的性能非常好，但价钱太高也是卖不出去的。”

在搜集整理资料的时候，就应该在脑海里确定自己的PPT需要采用的模式。其关键就是，你的PPT的重点在哪里。例如，你是“分析听众的现状问题，然后在PPT中提出解决办法”呢，还是“为听众从多个犹豫不决的选项中选出最佳答案”呢？PPT都有一个基本模式，只要选定了这个基本模式，你就会了解自己需要哪些材料，然后在这个框架里去寻找、补充材料。有了这个模式，无论你是刚毕业的大学生职场“菜鸟”，还是工作了几年仍然苦恼于弄PPT的职场“老人”，都可以不再烦恼！

这样一来，制作PPT不再困难，任何人都可以轻轻松松交出一份有理有据、主次分明的PPT。切记，首先要考虑清楚自己的PPT要采取哪种模式！

选择“替听众产生利益”的PPT模式

可以从解决听众问题入手，让听众能够从中获取极大利益

选择“替听众权衡利弊”的PPT模式

选择“重视品质”这一最佳选项能够让产品变得更好

选择“寻找途径”的PPT模式

扩大市场占有率

自己公司 | 其他公司

2-2 以“KISS原则”来进行举例说明

在对别人进行解释说明的时候，有几个绝对要遵守的基本原则，其中就有“KISS原则”。你可不要想歪了！这里的“KISS”可不是接吻，它是“简洁、简单”等英文词的缩略语。这个词有很多由来，以下简单列举几条：

★ Keep it Short and Simple.（要简洁且简单）

★ Keep it Short,Stupid.（要简洁且废话少说）

★ Keep it Short and Strait-forward.（要简洁且开门见山）

★ Keep it Small and Simple.（要简短且明了）

这个“KISS原则”同样适用于PPT制作。越是想要传达复杂的东西，就越要按照“KISS原则”，努力将内容变得“简洁、精悍”。

为了精练你的语句，就要有意识地限定说话的时间和语句的长短，将可有可无的部分去掉。不过要注意，也有可能会一不小心把自己的重点内容给删除了。削减自己PPT的内容真的是一项很艰难的工作。

但是，诚如建筑家米斯·凡德洛[1]在《少就是多》（*Less is more*）一书中所说，“传达给对方的内容的多少”才是最重要的。那么，在自己想要阐述的所有内容里找出可有可无的部分，然后勇敢地删除它吧！

①米斯·凡德洛（Mies van der Rohe），现代主义建筑设计最重要的大师之一。他提出了“少就是多”的立场和原则，处理手法上主张流动空间，奠定了明确的现代主义建筑风格，从而改变了世界建筑的面貌。

图2 说明和表达越简洁越好

2—3

“说明=迷你裙”的法则 教你将不充分的说明消灭掉

“KISS原则”是要将说话内容精简、精简、再精简。但是，要让对方明白你要说明的是什么，并非越短越好。语句过分简练，反而会造成说明不充分。所以不能为了追求过于简洁的表达方式而本末倒置，导致该说的内容没有说清楚。

因此，要牢记“解释说明并不是越短越简洁就越好”！古往今来，有很多绝妙的话来形容这件事，例如：

Sentence length is like girl's skirt:the shorter is the better,but it should cover the most important parts.

翻译成中文就是：文章的长度就像女性的裙子一样，虽然是越短越性感，但是必须得遮住关键部位。

“Sentence length is like girl's skirt”（文章的长度就像是女性的裙子）这一理论，是从美国密歇根州密歇根大学开发的“密歇根体系”中推广开来的。该体系是在第二次世界大战之后，由密歇根大学教师查尔斯·C．弗雷兹提出，基于逻辑语言而形成的英语授课法。

图3-1 以裙子的长短来举例……

这一理论对“说明”的范围进行了精确地定义！

先不管影响的好坏，大部分男性都会注目于女性的短裙上。但是，不能因为想要吸引男性的目光就穿过分短的超短裙，这样也就失去了衣服的 “遮掩重要部位”原本功能了。

裙子必备的功能是“遮掩重要部位”，同理，在对别人进行解释说明的时候，必须将“想要表达的东西说清楚”。太短的裙子就失去了其原有的功能，而过短的说明也不能称之为说明。如同女性的裙子长度不能过长也不能过短，PPT的说明也不能过长或过短。总结为一句话：话语要尽量简洁，但不能产生说明不足的情况。

那么，一个“长短适度的PPT”需要注意哪几点？大致分为以下三点：

①对方是什么背景的人？

②你所传达的是什么样的内容？

③你花费在说明上的时间是多久？

在制作PPT的过程中，你必须注意以上这三点，随时思考这三个问题，这是制作出一个适度（简洁且不会说明不足）的PPT的捷径。

图3-2 PPT内容太长或太短都不能满足听众

2-4

让听众信服你的“新鲜PPT”的必要点

你所提出的方案中，必定有部分内容对听者来说是陌生的，这很正常。对听众来说，假如你的方案没有任何新鲜的内容，那听你的PPT岂不是浪费时间?

“这个方案我们已经思考过了。”“老调重弹！”“这个方案大家都讨论过很多次了。”要是得到这样的评价，以后的业务恐怕就很难有进展了。

因此，你说明中的要点必须是陌生的、具有新鲜感的才行！正是因为向听众呈现的是没有见过的，你所说的内容才能吸引听众的兴趣，才能使听众的利益和你的利益达成一致。

但是，在向听众呈现极具“陌生感、新鲜感”的内容时，有些地方必须注意，那就是，我这里所说的“新鲜内容”≠“对听众来说完全是陌生的”，而是指“对方潜意识中想要的、所向往的”。想要让听众对你的PPT产生“惊艳感”，这一点必须把握好。简言之，就是要发掘出听众一直想做、想说，但是听众自己还没有注意到的东西。

如果你提出的是对方早就想过、早就做过的，让对方心理上产生了腻味，就更不用妄想让对方有认同感和信服了。

图4 引导出听众“潜意识中的需求”

当“他人潜意识存在的东西”与你的“提议”达成一致，就很容易产生认同感。

2-5

抓取PPT中的关键词，让转述变得更容易

假如在现场进行宣讲的时候，你能让听众理解并赞同了你的想法，成功地抓住了听众的心，事后，听众就会对周围的人转述这个他认为非常精彩的方案。这是很普遍的一种行为，感觉非常好的事情，肯定会向第三者或更多人提起。

然而，也有可能会发生如下情况：作为客户的听众自己听的时候很明白，再向别人转述的时候，却难以开口。“啊？那个人是怎么说的？”这种情况，和你期望自己的PPT广为人知相去甚远。发生这样的情况，岂不是有点儿资源浪费？

为了防止这种资源浪费，就有必要在对第一人演示PPT时标注几个关键词，方便他轻松简便地向第二人、第三人转达。“那个××的PPT方案真的很有意思。只要这么做了，就可以实现××OO了。”越容易转述就会有越多的人传达。这样，你的PPT方案就能在人群中推广开来。

因此，快快行动起来，找出内容的重点，精练你的语句，总结出与听众的利益和未来相关的关键词，把你的PPT方案牢牢地刻在听众的脑海中！

图5 让你的PPT更容易被转述

2—6
制作不需要长时间集中注意力的PPT

一般情况下，人很难做到长时间保持注意力，特别是面对自己不感兴趣的事情时，更容易走神。

通常，人的注意力集中的最佳时间是最开始的1~2分钟。之后，随着发表PPT的时间越来越长，注意力呈递减状态。也就是说，发表PPT的时间超过5分钟，对方基本上就不会将注意力放在你身上了。

随着时间的推移，听众们的注意力也越来越不集中。直到宣讲快结束的瞬间，注意力才会再度集中起来。

就是说，不管你多么认真地进行宣讲，你所讲的话大部分时间都从对方的左耳进右耳出了。结果就是，饱含了你心血的PPT方案，完全没有传达给对方。

有些人非常讨厌冗长的说明，有时候还没有开始听你的数据演示，就已经产生了厌恶和反感。本来，你的PPT方案可以为听众带来很大的利益，但是还没让对方听清楚就导致了反感，真是得不偿失啊。

总结：宣讲时间越长的PPT，有百害而无一利。

因此，大家发表PPT的时间也要严守“KISS原则”——Keep it Short and Simple = 简略。

图6 过长的宣讲会让对方滋生不满情绪

2—7
在开头和结尾强调要点和关键词，事半功倍

前面我们已经提到，听众注意力集中最高的时间段一般有两个：

★PPT宣讲开始的1~2分钟。
★PPT宣讲结束的瞬间。

因此，只要在这两个时间段内强调一下你的PPT要点和关键词，就事半功倍了。你可以将你的PPT内容很有效地传达给对方，对方也会对你的PPT内容有一个总结并牢记于心中。

这个秘诀有很多说法。如：

★Tell them what you are going to say.
(开头:先说“接下来你要讲什么”。)
★Say it.
（然后：只说你想要传达的。）
★Then tell them what you have said.
（最后：“总结你之前说过的话”。）

总结起来就是，在宣讲开始时向听众阐明概要，中间时段进行需要花时间的说明，最后再次向听众重申内容的重点以及关键词。

记住以上秘诀，你在下次发表PPT的时候实践一下，效果会让你大吃一惊！

图7-1 最大限度地利用发表PPT的开头和结尾

此外，如果听众在一开始就了解了你宣讲的框架，对自己该着重听取哪部分内容就会心里有底，这样就算听众在演示期间走了神，回过神来后也能迅速跟上你的话题，不会因为一小部分没听明白而导致全盘都听不懂。有的事前已经知晓宣讲的流程，在不知不觉间，听众就会对内容自行补充，主动去理解它。

总之，事先将“PPT的概要＝宣讲的流程梗概”这样一个等式传达给听众，有百利而无一害。

假设你在开头就将总结或结论告诉了对方，恐怕会让对方产生抵触心理。因为大部分人的思维习惯是：

★喜欢“承上启下”、不到最后就不知道结局的故事。

★不喜欢对人说话直击重点，也不喜欢被人认为说话直接。

反之，在进行PPT宣讲的场合，在开头和结尾告诉对方概要，不但是一种礼貌，而且双方都有很多好处。至少，PPT的效果以及影响力会高出很多。所以，按照我说的方法去实践一下吧！

图7-2 一开始就将PPT内容的概要传达给对方

第2章 小结

★

首先要考虑好你的PPT内容要采用什么叙事模式，讲什么内容。

★

确认你的说明简短且任何人都能明白你的话。要避免艰深、冗长的说话方式，努力做到“Keep it Short and Simple”。

★

要确保你的说明不像是“过短的超短裙”，防止说明不足。要点就是，要覆盖关键部位。

★

为了让第一个倾听者方便向第二人、第三人转述，要准备好便于转述的关键词。

★

长篇大论很容易让人厌烦，要尽量精练你的语言。

★

在听众注意力最集中的开头和结尾，说明内容的重点和关键词。

第3章

事前准备不能马虎

Skill for logical presentation

3

3－1 事前要调查对方的详细资料

正所谓“知己知彼，百战不殆”，当你想要告诉一个人某件事的时候，最好多多了解对方，这样会更有效果。例如，了解对方的知识水平、经验程度、兴趣爱好，会有助于你找到更容易和对方沟通的办法。

现在，假设我是一家公司的技术营销人员，到别的公司去推销我们的技术。

“我们公司目前研发出了××技术，正在展开××业务。”我一上来就详细解释了一大通，最后却来了一句：“话说，贵公司是从事什么行业的？需要这种技术吗？”

你认为客人会怎么想？“连我们公司的业务范围都不知道，就直接过来推销？！”听众不但会对你表示深深的怀疑，就算真的有相关的业务，恐怕也很难和你达成协议。

反过来：“我听说贵公司正在展开××业务，而我们公司的检测仪器对贵公司的该种业务十分有效！和贵公司同行业的OO公司正在使用的就是我们公司的这个产品，引进了我们公司的产品之后，业绩有了大幅度的提高。”这样说，听众多多少少都会有点儿兴趣吧？！

尽管有时候“先入为主”并不好，但是了解听众的过去、现在以及将来非常有必要。“对方现在正在做什么（现在）、拥有哪方面的知识和经验（过去）、对什么感兴趣、将来想要干什么（将来）”，以上几点在开始制作PPT之前要调查清楚。

图1 务必调查推销对象的事业、背景等

不了解对方的情况下

知己知彼的情况下

3-2

正式PPT宣讲之前要想好“话题开端、见解、归纳”

只要你事前调查好听众的底细，那么对方会对什么感兴趣，就会自然而然地浮现在你的脑海里。

如果已经抓住了对方的心理，那么接下来你只需要思考让对方能容易听懂的语言，以及为了吸引对方兴趣的“话题开端、见解、归纳”，找出相应的答案，最后轻松地将答案一点点地放入这个已经构建好的框架当中。

即使你不将资料实际整理好放在手边，它的印象也已经深深地存在于你的脑子里，想用的时候，随时都能拿出来用，这样也方便你随时根据听众的反映修改说话的内容。这种为听众“量身定制”的内容见解和关键点总结，自然更易于让听众接受。

听众的人数也是重要一环。人数越多的情况下，我上面所说的方法就越难以进行。假设你要同时为A—J这十个听众解说，你专门为A“量身定制”的解说方式对于D这个听众来说，可能就完全听不懂了。

因此，在人数很多或者不同背景的人在一起的情况下，解说内容应该遵循最大公约数的形式，将内容最简单化，不要求吸引全部的人，只要有一部分人听懂并对此感兴趣就行。要尽量避免繁复冗长的说明方式。

图2-1 调查听众的过去、现在、将来

根据听众的过去和现在进行举例说明，听众自然会认同你的观点。

图2-2 一个简单的PPT必不可少的要点

一个简单的PPT，假设是在多人场合进行解说，要考虑多种多样的对方现在、将来的情况。最好选择最容易理解的简要说明方式。

3-2 正式PPT宣讲之前必须确认的要点

① 宣讲时间与流程

在你正式发表PPT之前，有几点必须事前确认：

第一点就是发表的时间。要用多长的时间向听众解释说明？你所使用的语言量是多少，要举多少个例子，说明的方式和量随着时间的长短而改变。

假设是规定了PPT宣讲时间的场合，就更要好好地确认所需的时间。特别是要考虑规定的时间是否包括质疑、问答环节的时间，如果包括，实际上用来说明的时间又剩下多少？

我曾经犯过一个这样的错误。原以为PPT宣讲的时间是20分钟，结果马上就要开始解说时才知道其实是15分钟，只好大幅度压缩准备好的内容后半段，让听的人觉得“消化不良”。这对于一个PPT宣讲能否成功是致命的打击！因此，一定要确认发表时间以及演说流程！

假设在听众没有规定时间而由你自己决定PPT宣讲时间的场合，既要向听众表达清楚内容，又要确定一个最适当的时间长度。在正式宣讲之前，最好将所需的时间和流程向听众预先汇报一下。

就像我之前所说的，听众真的是很讨厌又长又拖沓的解说，在听一个不知道什么时候才会结束的宣讲时，他们心里很容易产生焦躁感。如果你事前就向听众说明了所需的时间和内容，就一定要在约定的时间内完成，否则会适得其反。

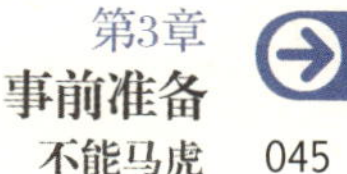

图3-1 详细确认PPT宣讲时间

② PPT的器材与方法

第二点，需要确认的是PPT宣讲时所使用的器材和方法。在发表PPT的过程中，需要使用什么道具或器材来配合？

例如，你是使用PPT演示板一张换一张地向听众解说？还是采用笔记本电脑和液晶投影仪，让听众边看画面边进行宣讲，还是说在白色写字板前边写边进行说明？

因为根据不同的道具以及所采取的不同宣讲方法，所准备的资料形式也大不相同，因此事前一定要确认好道具和PPT宣讲的方法。

另外，如果需要连接到笔记本电脑或液晶投影仪，还有更多的事情需要确认：

★是使用自己带来的笔记本电脑？

★还是使用现场配备的电脑读取自己的电子资料？

就算是自己带笔记本电脑，有可能到了现场才发现“什么？！连接不上？！”为了避免不必要的意外状况，还要考虑数据线和电缆的形式，等等。

还要确认液晶投影仪（例如1024×768）的显示像素。例如，投影仪的解像度会不会太低，导致小图模糊？解像度太高，会不会产生什么问题？要根据这些问题，对你的PPT资料的文字、图片等进行调整和修改。

图3-2 真实存在、惨不忍睹的失败例子

会场的笔记本电脑装的是2003版的PPT软件，要演示的是2007版的PPT，无法打开。

利用会场的笔记本电脑播放PPT，电脑的屏幕比例没调节好，下端和右端无法显示……

利用会场的液晶投影仪播放PPT，画面的屏幕比例没调节好，变成了“圆齿轮形”或“椭圆齿轮形”，看起来不正规……

使用自己的笔记本电脑，会场的插座不匹配，无法插上电源……

自带笔记本电脑，现场却发现只能使用透镜式投影仪（OHP）……

③会场配备电脑的软件版本

此外，如果选择使用会场配备的电脑，就要在事前确认电脑的操作系统和软件的种类、版本等信息。确保你平常使用的软件版本和会场电脑的版本一致，或者两种能够兼容。

例如，你的PPT是用微软的PowerPoint 2007制作的，会场配备的电脑上却是2000的PPT版本，连资料都打不开，又如何进行PPT宣讲呢？还有，你为了方便宣讲，在使用2007版制作材料的时候选用了“宣讲者视图”功能，但2000版上无法使用这个功能，因为这是2002版才开发出的新功能。这些情况都是真实的经历，所以我们要吸取经验教训！

并且，根据PPT版本不同，图解表现方式也很不同。用最新版制作的漂亮图样，在当天发表的时候有可能会显得比较脏，观感很差。因此，哪怕自己制作时所使用的软件与当天会场所使用的软件稍微有所不同，都会带来或大或小的麻烦。

再强调一次，请务必确认用于宣讲的机器（软件种类、版本等）以及进行宣讲的方法。等到临场才反应过来，可就晚了！

图3-3 PPT的版本不同，表现出来的画面也不同

PowerPoint 2003版

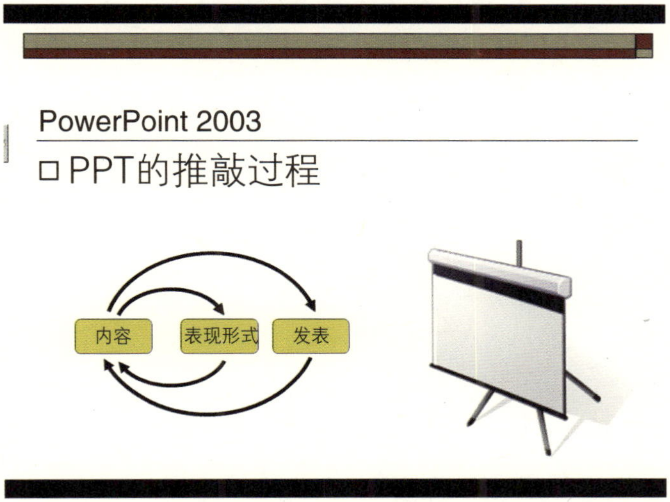

PowerPoint 2003

□ PPT的推敲过程

内容　表现形式　发表

PowerPoint 2007版

PowerPoint 2007

■ PPT的推敲过程

内容　表现形式　发表

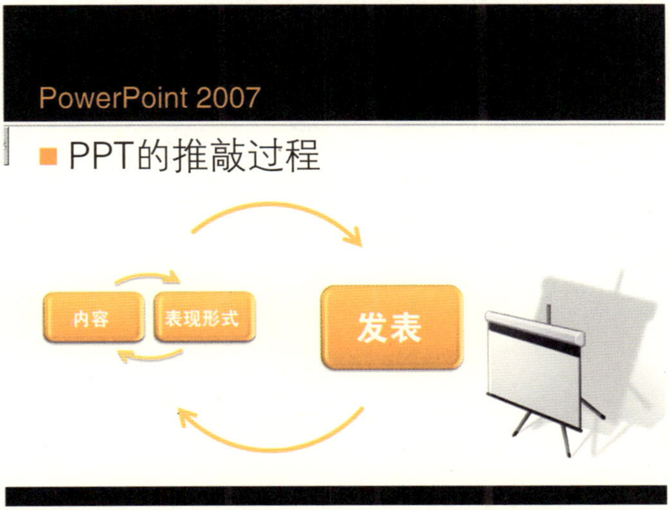

同样的素材，在PowerPoint 2003版和PowerPoint 2007版上显示出来的很不一样。2007版能够使用的素材样式等更为丰富，所以做出来的东西更为漂亮。

④尽可能预先检查一下发表场地/机器的连接方法等

当天预先视察好发表的场地，这也非常重要；而且，要从以下两个角度观察会场：

一是站在“听众的立场”，二是站在“宣讲者的立场”。例如，站在听众席上检查投影仪放映出来的画面：

★高度是否合适?

★对比度如何?

宣讲者如果能事前就知道听众的感觉以及困扰，就能有效地预防问题的发生，即使出现了问题，也能迅速采取有效的应对措施。

例如，画面下方太低导致听众席上看不见，宣讲者就可以在放映过程中对看不见的部分有意识地进行口头补充。站在听众席上眺望会场，这样就能知道自己在别人眼中的样子了。

站在宣讲者的角度眺望会场，是指在你即将发表的位置眺望、观察一下电脑、会场以及屏幕等。会场备用的电脑的设定以及从宣讲者角度能看到的大屏幕位置，最好事先熟悉，这样，你就能事前清楚发表宣讲时的感觉，也能减少临场的紧张感。

图3-4 事先从两个角度观察好会场

听讲者的位置　站在听众的位置眺望会场

（观察画面的位置、大小以及宣讲者的位置等）

宣讲者的位置　站在宣讲者的位置眺望会场

（感受一下从这个角度看听众以及屏幕处于什么样的位置，自己该把视线放在哪儿、这个角度看电脑是不是方便）

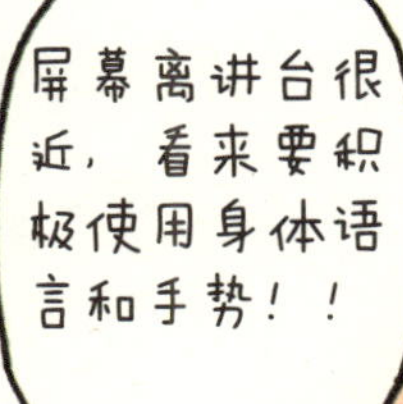

3-4 你给对方留下的印象正是能影响对方的地方

想让你的PPT给听众留下深刻的印象、并且让这个印象持续很长时间、你是否还在“PPT内容的精彩度”、“PPT资料的精美度”上狂下工夫呢？那么，我要告诉你一个残酷的事实：这两点远远不够！你必须找到一个和PPT相匹配的“个人形象”才行。

我们曾做过一个“在PPT宣讲中影响听众的要素”的调查。据调查结果显示，在PPT宣讲现场，听众最注重的是“宣讲者的身体语言（宣讲者的形象）”；其次重视的是“声音的调子”；接着才是PPT的关键内容。在实际情况中，PPT的关键内容给予别人的影响力最低。就是说，能够影响听众的正是“你的个人形象＝宣讲者”。

你有没有思考过，希望你的PPT给听众留下何种印象？是希望对方认为这是一份经过不断验证以及数据累积的严谨报告，还是显现这是一份崭新的有创意的技术报告？

如果你希望对方对你有何种印象，就穿上相应风格的服装吧！如希望对方觉得这份报告严谨，就穿上比较庄重的服装，让听众的第一印象就定格在这上面。反过来，希望对方觉得你的报告有创新，根据不同的场合，你或许可以穿上牛仔装等粗犷风格的衣服。

图4-1 人们一般以第一印象判断宣讲者及其宣讲内容

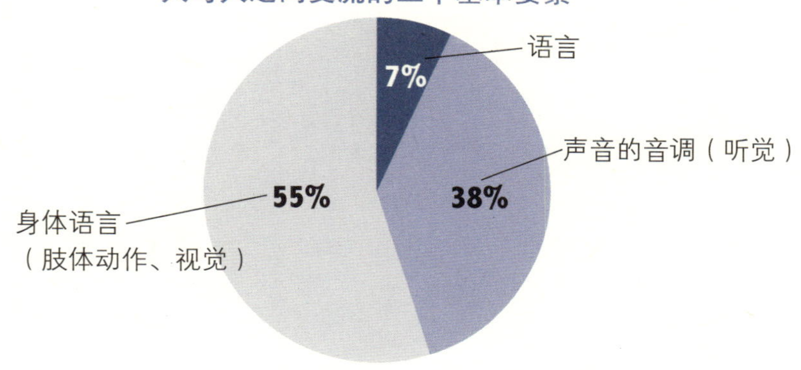

阿尔伯特·马勒布蓝（Albert Mehrablan）著：“*Silent messages*”。

图4-2 听众的印象容易被宣讲者的服装所左右

一般来说，穿西装最可靠，无可非议，会让人认为这将是一场认真且严谨的报告宣讲。如果是花衬衫和沙滩鞋，或许会给人以“不正经”的印象，但不一定所有人都会认为“很随便”。但是，如果穿着十分散漫、邋邋遢遢，就真的失败了。

第3章 小结

★

调查听众的人数。

★

了解听众“有过的经验”、“现在正在做的事”、“想要做的事”。

★

清楚宣讲所需的时间以及流程。

★

确认宣讲时所使用的器材及使用方法：

→能否使用自己的笔记本电脑？还是只能使用会场配备的电脑？

→有没有投影仪？

→有没有演示板？

★

确认宣讲时所使用的器材的详细情况→

宣讲时所使用的软件的种类和版本→

有投影仪的场合，能否连接到自己的笔记本电脑？

会场有没有准备相关接线设备？

★

调查会场的场地→

从听众的角度确认会场的情况→

从宣讲者的角度确认会场的情况。

★

为了给人留下“第一印象”，而根据宣讲的内容着装。

第4章

把握制作材料的大前提

Skill for logical presentation

4

4-1 充分理解PPT的内容以及关键词

一个能够发挥效果的PPT，是指“在听众能够充分领会意思的基础上，对听众来说有利可获，而且易懂、有趣”。这三点的重要性不相上下，缺少了哪一部分都不行。它们的作用都只有一个，就是引起听众的兴趣。

如果你完全做到了以上三点，接下来需要注意的是什么？那就是，你必须充分理解你的PPT内容以及目标。

如果你自己都没有完全明白你的PPT内容，那么又怎么能够很好地向别人解释说明清楚呢？！反过来说，只有你自己一清二楚地知道该用什么样的语言来解释整个PPT内容，无论发生任何意外状况，就都能适当应对。

那么，如何用简单的句子来表达自己的PPT内容？按照下图的表来做吧！

这样做，不但可以帮助你将脑海中模糊一团的PPT内容整理清晰，并以简单的语句自如地表达出来，还可以锻炼日常生活中将复杂事情简单化的能力。将冗长的文章用精短的语句来代替，再将语句精练成关键词，反复练习，你很快就能得心应手地掌握这一技能。

图1 让你自如宣讲的有效办法

长

总结成200字左右的小短文
（概述）

再分割成数条10个字以内的小短句
（大纲）

最后精练成七八字以内的小短句
（关键词）

将自己想说的话总结出“概要”，然后精练成“关键词”，不断地反复练习，就能够得心应手！！

4—2 耐性、细心以及大胆

学会用简单的语句自如地表达自己的PPT内容，真的非常重要。我之所以在这里反复地提到，是因为现实中确实有很多人无法掌握这项技能，甚至很多人都无法用简单的语句将自己的想法表达出来。

理由有很多，其中之一就是，当事人没有很好地理解自己话题的内容，当然不能用简短的语句进行说明或转换。

实际上，除此之外，还有一个更重要的理由，那就是人的潜意识里厌恶并逃避以简短的语句进行说明解释。因为有人会觉得换成简单语句进行说明，就无法对特殊情况进行个别强调，也害怕给别人留下自己词汇不足的坏印象。

因此，很多人都更愿意选择长篇大论。事实上，长篇大论并不能吸引听众的兴趣，反倒无法向听众完整地传达说话内容。

至于特殊情况，完全可以稍后向对方慢慢道来。要想将自己的思想好好地传达给对方，首要的就是要将重点内容以简单、有效的方式传达给对方！

以前，我曾听玄田有史[①]先生说过："我个人特别讨厌一听就懂的辩论。但是，我知道简单易懂的说明花费了大量的心力，想要做到这一点，就要有勇气舍弃多余的东西。"

没错，想要将自己的内容简单易懂地解释给对方听，就要有勇气舍弃并非必不可少的东西。这一过程需要花费很多心力去思考，最后这个"必不可少"就是你需要的精练要点了。

①玄田有史（1964—　），日本经济学家，东京大学教授。

图2 不能拘泥于细枝末节，要注重易懂度

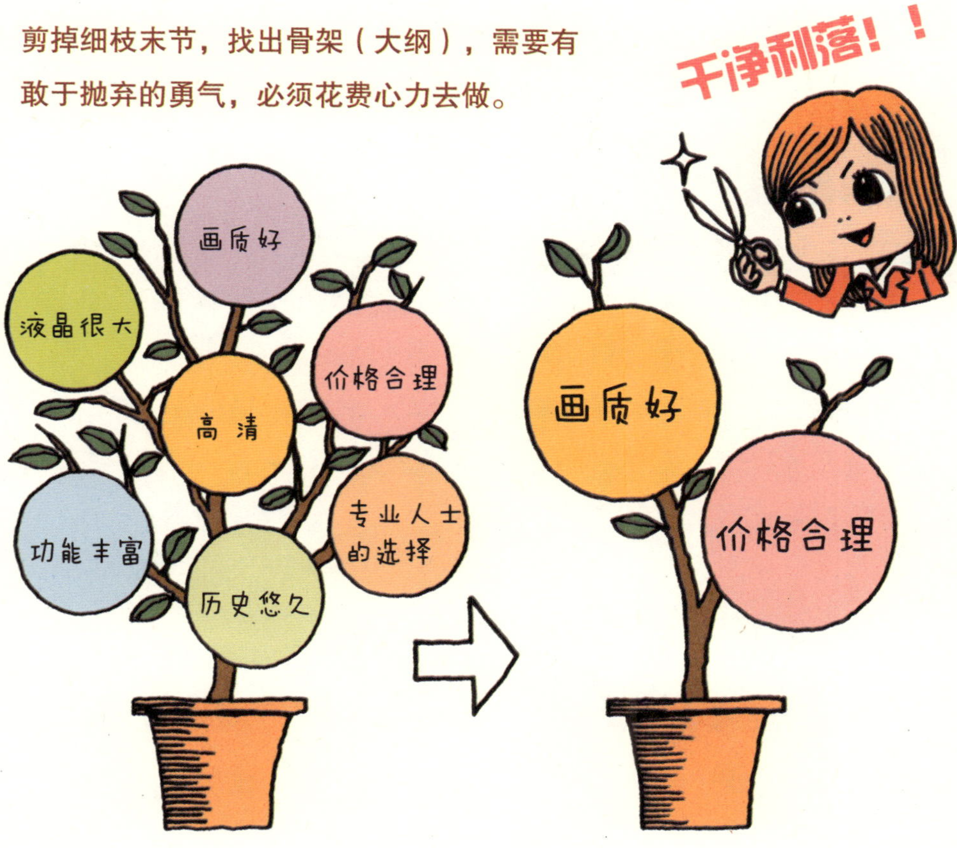

4－3 PPT中要多举例

在用语言对某件事情进行解释说明时，有一个无比好用的词汇，那就是“例如”。将你想解释的内容借用听众所了解的事情来举例，这样你的内容就可以立刻生动起来。以芥川奖作家而出名的丸谷才一[①]在《文章入门》（中央公论出版社）一书中如下写道：

“举出相似的例子作为撒手锏，这样可以在对方的心里留下生动且深刻的印象。在写文章的时候如果不利用相似的例子，那可是大损失！就如同打怪兽的时候忘了使用能飞的道具而只用刀枪一样，那是万分愚蠢的行为。”

丸谷才一把“写文章不使用撒手锏——举例”比做“明知道有会飞的道具，而只使用刀枪应战”，真的非常形象。这样使用举例进行补充说明，谁都能轻松地理解其意了。

下面大家就都绞尽脑汁来想想吧，有没有什么例子能够让自己的说明内容轻松易懂呢？合适的例子肯定存在于某个地方，只要努力去发现就能够为你所用。放着这么好的“撒手锏”不用，那就真的相当于“打怪兽只用刀枪”的笨蛋喽！

①丸谷才一(1925—)，日本当代著名小说家、文学评论家。著有《竹枕》《残年》《书影谭》《辉煌日宫》等，1968年中篇小说《残年》获芥川龙之介奖。

图3 学会活用“举例”

有“举例”这样一个会飞的道具不用，而只用刀枪上阵面对强敌，真的很愚蠢。那么，就去寻找适合的例子吧！

4-4 百闻不如一见！多用图像、影像

以上说道，在使用语言传递信息时，采用“例如”这样的词汇会很有效果。同时，如果有搭配简单易懂的“图像、动画”，就会事半功倍！

特别是，你的PPT内容是听众“完全没听过、完全没见过”的，那就更应该采用一些实际的图像了。不管是日语，还是中文、英文，都有类似的哲理句子：

Seeing is believing.（眼见为实）

对方不知道的事情、没有见过的东西，只靠口头说明绝对不行。

例如，现在马自达汽车已经投入使用的转缸式发动机是具有划时代意义的新型汽车引擎，在面世之前，基本上没人听过也没人见过这个新产品。下面，我们就试着想象一下如何向别人解说吧。

对于一项新发明，不管你费多少口舌，对方也无法具体地想象出“转缸式发动机”的样子，那么，为了让听众清楚地明白“转缸式发动机”如何运作，10分有必要把发动机的制作过程和原理用“图像、动画”来表示。

语言有时候是苍白无力的，不管你说多少遍，这些文字也不会在对方的脑海里变成一个具体的形象，但是，只要一看到图像就立刻能够明了！列奥纳多·达·芬奇（Leonardo Da Vinci）曾留下名言“不要只用语言”。所以，对方没见过或者很难懂的东西，不要吝啬使用图像和动画来表现！

图4 以下哪种解说方法更易懂

仅仅口头解说“转缸式发动机”的场合

在内燃机的作用下让回转器转动起来，然后吸人、压缩、点火、爆发、排气。收纳回转器的油缸被做成两个节点的外摆线圆的蚕形。回转器和油缸的内接采用“三叶内包络线”的三角饭团形……

采用图像解说“转缸式发动机”的场合

照片来自于马自达汽车

4—5

内容通俗易懂，让对方不会听过即忘

综上所述，利用图像能够让对方在一瞬间就明白你想说什么。但是，它并不仅仅是为了让对方易懂，这种表现方式还有另外一个好处——“难以忘记”。

我们曾作过以下调查研究，“单纯使用语言”和“语言兼图像”的两种说明方式，经过一段时间之后，哪个更容易被人记住呢？研究结果显示，“单纯使用语言进行说明”的场合，听众基本上想不起来听过的内容。可以说，你的宣讲完全没有给对方留下印象。所以，在解说过程中，视觉图像不可或缺。

例如，现在让你立即回想某个明星。你首先想到的肯定不是明星的名字，而应该是明星的长相吧！有时候还会发生这种情况：你在一瞬间想到了某个明星的长相，但十分苦恼想不起来明星的名字：“啊？！那个人叫什么？！”

在你的PPT结束的瞬间，如果你的内容立即就被遗忘，那么这个PPT没有任何意义。一定要让听众在PPT结束并过了一段时间之后，还能够记起来你说了什么！

要想让听众能够轻松明白，并且对你的宣讲内容印象深刻，就使用能够让人一目了然且易懂易记的图像吧！谁说鱼与熊掌不可兼得？只要使用图像解说，完全能够做到同时掌握“轻松易懂”与“印象深刻”。

❶全名亚历山德罗·德拉维加，西班牙电视剧《zorro——剑与玫瑰》（简称“佐罗”）中男主角佐罗（唐迭戈）的父亲。

❷丹·卡斯卡拉里，美国好莱坞著名恐怖电影导演，代表作品有《鬼追人》《打鬼人》《幻象》等。

❸尼基塔·米哈尔科夫（1945— ），俄罗斯著名导演、演员、编剧，代表作《西伯利亚理发师》《太阳灼人》等。

❹日本系列漫画《八房龙之助》。

图5 人对于图片总是印象深刻！

←注解见P64。

4-6 举例和图像是“双刃剑”，要慎用

如上所说，在对听众进行解释说明时，采用举例、图像等手段是强力有效的，但是，如果这个手段用错了方向，就会像手枪瞄错了目标一样，大大不妙了！

换句话说，如果举错了例子、用错了图像，不但达不到想要的效果，反而会让你的PPT一败涂地。举例和图像等都会给人直观、易懂的印象，因此，如果发表者使用了不恰当的例子而使听众误解，这种误解非常难以消除。

那么，在使用举例和图像这两种手段的时候，一定要深思熟虑，选择最正确的例子或图像。或者你可以在语言上补充说明：“所举的例子在哪一方面与听众的10分相似”，从而把握住正确方向，不让对方自行理解而误解。

例如，我们将人生比做打棒球：“不到最后不知道结局，在这一点上，人生和棒球运动是多么相似啊。”这样从旁强调的话，就能防止误解的产生。

如果只是单纯地说“人生和棒球很相似”，那么“一千个人的眼中就有一千个不一样的哈姆雷特”，每个人对此理解都不尽相同。如“人生也会有交换运动员那样的事情存在吗？”“人生也会有正规选手和预备队员之分吗？”“人生也会有替补击球这样的事情吗？”

这样一来，你的意思还是无法正确地传达给对方。因此，举例和图像是一把双刃剑，它虽然很有效，但只有正确使用才会发挥作用！

图6 暧昧的例子是误解的来源

在听到"人生就像是打棒球"这样的话时,每个人根据自己的心理会产生不同的联想。和宣讲者能够不谋而合的可能性实在是太低了!所以千万要注意,不要采用暧昧不明的例子来进行说明。

①双杀,是指棒球比赛中,一系列连贯的防守动作造成两名进攻球员同时出局。

②慢曲球,棒球比赛中的一种投球方式,球的运动轨迹开始为直线,之后开始向右下旋转。

③巨人队和阪神队,是日本职业棒球联赛的两支队伍,当今日本的12支职业棒球队中,东京巨人队和大阪阪神队的影响力最大,拥有声势最大的球迷。巨人队代表东京,阪神队代表大阪。

4-7 给例子和图像标记上关键词

上一小节说到，使用“举例和图像”作为宣讲手段有好处也有坏处。它能瞬间给人留下深刻的印象，而且过去很久后依然不忘，同时要注意不要无目的地胡乱使用，防止误解。其实，它还有一个缺点，那就是事后如果听众要向第二人或第三人转述时，“举例和图像”真的很难简单地用语言表达清楚。

听众事后向其他人转达的时候，一般手上都没有你的PPT，随口向别人一提的情况比较常见。听众的大脑确实对你的例子和图像都还留有印象，但是如何用口头表达一幅图像呢？这个可真是个大难题。当没有办法一传二、二传三时，你的PPT就无法广为流传。

因此，进行宣讲的时候，务必对所使用的图像标记上关键词，以及对例子进行一句话总结概括，这是非常重要的一个过程。这样，听众在充分地理解你的PPT之后，还能三言两语地转述给第三方。

在制作PPT的时候，千万要留意到这一点，不要让自己离成功只差一步！

图7 宣讲者要为“举例和图像”打上标签！

4-8 确认从开始到总结的宣讲顺序

我们在本章的开头就说到，制作PPT的时候，首先要进行以下三个步骤：

①总结成200字左右的小短文（概述）。

②再分割成数条10个字以内的小短句（大纲）。

③最后精练成七八字以内的小短句（关键词）。

其次，在宣讲过程中，采用让人易理解的例子和图像、动画等。

以上就是制作PPT资料的流程。

那么，这些你精心准备的材料要按照一个什么样的顺序一一解说出来呢？要知道，一堆零散的资料可不能称为PPT。

下面，就让我告诉你什么是最有效果的“排列顺序”吧！

A. 先阐述你的宣讲关键词和概要（上述的②和③）。

B. 再对①的内容进行解释（上述的①）。难懂的部分用“简单易懂的例子或图像”来进行解释说明，再辅以语言补充说明，最后总结出关键词，使对方印象深刻。

C. 反复提到大纲中“易记的关键词”，令人印象更深一层（上述的②和③）。

最后设置的“易记的关键词”，是引导对方行动的关键。按照以上的流程去做，自然而然就能够让“听众理解→听众认同→听众去行动”。对听众来说，你的PPT就是一个“易理解”“印象深刻”以及“有意义”的方案。

图8 能够充分发挥效果的宣讲顺序

先阐述你的宣讲关键词和概要。

▼

对①的概述解释说明。难懂的部分用“简单易懂的例子或图像”进行解释说明，再辅以语言补充说明。

▼

反复提到能够把握听众行动方向的关键词。

第4章 小结

★

为了最大限度地把握自己的PPT内容，请这么做：

①总结成200字左右的小短文（概述）

②再分割成数条10个字以内的小短句（大纲）

③最后精练成七八字以内的小短句（关键词）

★

为了让你的宣讲简单易懂，要有舍弃“不十分必要的东西”的勇气。

★

尽最大努力去找易懂的例子和图像。

★

对于对方不知道的事物，使用例子和图像、动画等。

★

采用例子和图像解释说明的时候，为了避免不必要的误解，要用语言补充说明。

★

采用例子和图像解释说明的时候，要标记关键词。

★

宣讲的顺序为“大纲”“概述”“把握对方行动方向的关键词”。

第5章

PPT制作的8个关键点

Skill for logical presentation

5

5-1

PPT制作的关键点1——字体和字号

一般情况下，PPT大多采用幻灯片演示，一张张幻灯片按顺序出现，将内容一一展现出来。总体来说，有以下两种形式，配合前章提到的宣讲顺序，就可以打造出一个“成功的PPT”了。

①以文本形式整理出顺序、项目、内容、结论等的“分条列举式幻灯片”。
②使用图表、图像、动画等的“说明式幻灯片”。

首先，插入一张幻灯片中的文本行数最多不要超过5~6行（标题除外），字号要大到只能够写5~6行，这才是幻灯片文字应该用的基本大小。例如，幻灯片设置为A4大小，文字基本上要选择30磅大小。

如果是用稍微缩进的段落作为说明或是图表的注释，文字要比基本尺寸（30磅）小一些，大概选择20磅就可以了。

关于幻灯片中使用的字体类型，方便阅读是关键。最佳选择就是“微软雅黑”+“20~30磅字体大小”=“观众远眺最容易看清的幻灯片”。如果没有特别想要表现或强调的地方，粗细浓淡适宜的微软雅黑字体是最佳选择。

图1 不同字体大小的三种幻灯片

幻灯片 1

5行文字幻灯片

一张幻灯片5行

- “PPT基本模式”让准备工作变得简单！
- “KISS原则”让说明变得易懂。
- “正确逻辑=简单易懂”错误。
- “自然的因果关系、必然性”正确。
- 让听者感到“非常有趣”。

幻灯片 2

6行文字幻灯片

一张幻灯片6行

- “PPT基本模式”让准备工作变得简单！
- “KISS原则”让说明变得易懂。
- “正确逻辑=简单易懂”错误。
- “自然的因果关系、必然性”正确。
- 让听者感到“非常有趣”。
- 制作“利益”“易懂”“有趣”的PPT。

幻灯片 3

7行文字幻灯片

一张幻灯片7行

- “PPT基本模式”让准备工作变得简单！
- “KISS原则”让说明变得易懂。
- “正确逻辑=简单易懂”错误。
- “自然的因果关系、必然性”正确。
- 让听者感到“好有趣”。
- 制作“利益”“易懂”“有趣”的PPT。
- 第一章小结。

以上是一张幻灯片书写5行、6行和7行的示例。从图上可以看出，一张幻灯片书写7行就显得很拥挤，5~6行刚刚好。

5－2

PPT制作的关键点2——文字颜色和背景颜色

关键点2就是幻灯片的配色。在使用投影仪进行PPT演示的场合，能够让听众最容易看清楚的，是以暗蓝色为背景、配上白色文字的PPT。为什么？

★背景色与文字的颜色反差越大，文字越容易被辨别。

★蓝色等冷色系具有远视的特性，远远看去，白色文字就像是浮在背景上。

所以，在制作幻灯片时，最佳搭配就是以暗蓝为背景颜色、白色为文字颜色。

但是，假如幻灯片中的贴图以及图表等素材都使用其他软件来制作，背景色采用白色会方便很多（不统一采用白色背景，边缘部分看起来就会显得颜色变化太多而造成反效果）。而且，如果将深色背景的幻灯片直接印刷出来当做资料，彩印的价格比较高。曾有报道，某大型汽车公司甚至全面禁止彩色印刷，所有的资料全部采用黑白印刷。

因此，如果你不需要寄送资料，也不用担心印刷费昂贵，为了观看清晰，就大胆地采用“暗蓝色背景、白色文字”的最佳配色吧。如果需要印刷资料，就选择“白底黑字”，这样就两全其美了。

图2 强烈推荐的两种幻灯片配色

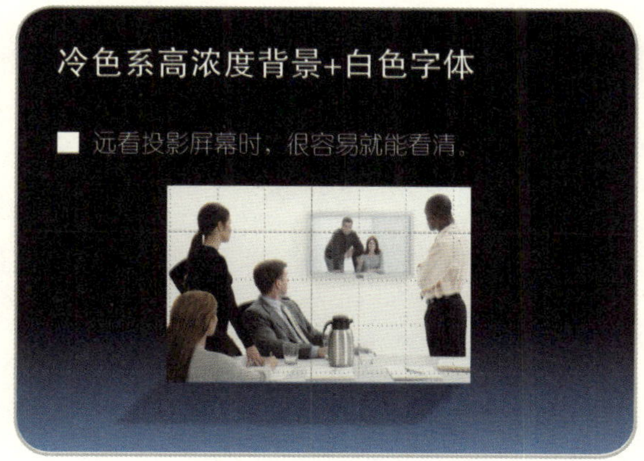

不用配送资料，也不用担心印刷开支的条件下，这是最完美的配色。

需要配送资料，但是担心彩色印刷开支的情况下，就采用“白底黑字”的配色吧。可能不太好看，但绝对不会难以看清。

5－3

PPT制作的关键点3——说明顺序由“Z字法则”来决定

在幻灯片中，经常有图和说明文字一起出现的情况。这么多纷繁复杂的素材，到底怎么排列，才最容易让人一目了然呢？其实，不用发愁，幻灯片素材排列有一个绝对好用的法则！那就是，按照：

①从左往右

②从上往下。

说明文字按照从左往右、从上往下的排列顺序。假如你的素材数量很多，而且按重要性分出主和次，那么将重要的部分放在左边，次要的部分放在右边；或者重要的部分放在上面，次要的部分放在下面。

总之，按照字母“Z”的书写顺序对幻灯片素材进行排列，然后按照排列的顺序解释说明，这就是“Z字法则”。

并非要特意去按照“从左往右、从上往下”的“Z字法则”来排列，而是排列出来自然而然会呈现“Z”字形。试着远看一份新闻报纸，你肯定会大吃一惊：“是真的！”你会发现，文字的排版真的就是“Z”字形。

图3-1 何为幻灯片"Z字法则"

制作幻灯片的基本要素就是，最重要的内容要放在左上角，次重要的放在右上角，第三重要的放在左下角，最后的放在右下角。不管是宣讲时间紧迫还是只需要粗略解释，都十分便利！

“Z字法则”只适用于中文、英语、日语等横向书写的语言，如果是阿拉伯语这种从右往左书写的语言，那么顺序就是“从右往左、从上往下”。

至于幻灯片中各素材的放置位置，则根据使用的顺序以及重要性自行决定，即根据你的叙事顺序安排其出场的先后。在制作幻灯片的时候，脑海中就有意识地回想你的PPT内容，按照“Z字法则”制作出大纲，这样一来，你的PPT自然就让人容易明白。

“Z字法则”的另一好处——可随机应变，调整宣讲时间

“Z字法则”能让你在文章和素材的排版上占优势，能按顺序自然地解释说明。它的好处可不仅仅这一点。假设在用某种原因不得不临时调整宣讲时间的情况下，“Z字法则”还能让你随机应变，很好地应付突发状况。

例如，不得不紧急缩短宣讲时间时，放置在右侧位置（不怎么重要）的次要性材料可以跳过不解释。因为使用幻灯片进行辅助宣讲的场合，一般都是按照“大Z字”到“小Z字”的顺序说明，所以就算不对补充资料说明，也不会被听众察觉，听众也不会觉得奇怪。

所以，“Z字法则”真是好处很多！就算宣讲时间很紧张，但只要按照顺序一一讲述下来，听众依然容易明白，而且能够灵活地掌握宣讲的时间。所以，制作PPT的时候，运用“Z字法则”吧！

图3-2 “Z字法则”的具体例子

美国CNN

阿拉伯语版CNN

以上两幅图分别是CNN的英语版和阿拉伯语版。大家可以发现，英语版的排版采用的是“正Z”字形，而阿拉伯语因为是由右往左的阅读习惯，所以重要的项目都放在右上角，呈“反Z”字形。

图3-3 采用“Z字法则”可灵活地调整时间

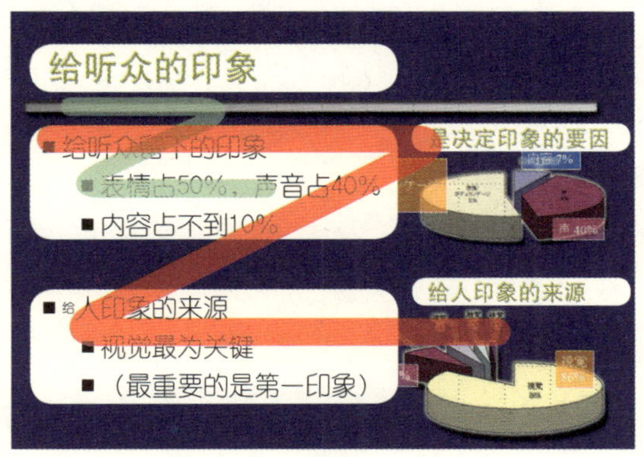

宣讲时间不够的时候，说明的顺序可以由“大Z”字变为“小Z”字，这样自然可以省略某部分内容了。

5-4

PPT制作的关键点4——表格也由“Z字法则”来决定

上一小节我们讲到了幻灯片中的说明文字和素材排版可以遵循“Z字法则”。下面我要说，PPT所使用的表格、图表等各种各样的素材在制作时遵循“Z字法则”，还是关键！

PPT资料中使用表格的机会非常多，而制作表格时也遵循“Z字法则”，那么解释起来就容易很多，听众更容易明白。

下一页有两个表格，内容完全一样，我们只是简单掉换了行与列而已。虽然两个表看起来没什么太大的区别，但是针对这两个表格的说明方法大不相同，因此，表格所展示出来的内容重点和意思也变得完全不同。下面我们按照“Z字法则”，对以下两个表格分别说明一下。

两个相似但不同的表格

第一个表格按照“Z字法则”的顺序说明，首先是“A公司2005年的营业额→A公司2006年的营业额→A公司2007年的营业额”，其次是“B公司2005年的营业额→B公司2006年的营业额→B公司2007年的营业额”。

最后才是对C公司三年间的营业额变化状况的说明。总之，在这个说明每个公司营业额变化的表格中，会重点关注“每个公司的变化”。

图4-1 两个相似的表格表达的意思却不同

营业额的变化

	2005年	2006年	2007年
A公司	43,206,000	44,258,000	38,653,000
B公司	28,442,000	32,485,000	32,192,000
C公司	38,101,000	42,968,000	46,133,000

这个表格最开始表明了A公司在过去三年间的营业额，接下来是B公司和C公司。最后说明C公司在过去三年间的营业额，因此听众会以为接下来的话题要围绕C公司展开。

营业额的变化

	A公司	B公司	C公司
2005年	43,206,000	28,442,000	38,101,000
2006年	44,258,000	32,485,000	42,968,000
2007年	38,653,000	32,192,000	46,133,000

这个表最开始表明了2005年A、B、C三个公司的营业额，接下来是2006年和2007年的营业额。最后说明的是2007年各公司的营业额，接下来应该是强调每年度三个公司间营业额的差距。

特别是第一个表格，最后说明的是“C公司营业额的变化”，因此大部分听众就会觉得在各公司的营业额中，这个表格想要强调的重点是“C公司营业额的变化”。听众自然就会认为，接下来宣讲的内容是围绕C公司的营业额变化为重点。

反之第二个表格，则变成了“2005年各公司的营业额→2006年各公司的营业额→2007年各公司的营业额”的说明顺序。因此，第二个表格给人的感觉，比起强调“各公司不同”来，更强调“年度的不同”。

第二个表格会给人留下焦点放在时间的变化上这一印象，听众会自然而然地觉得，接下来你会就时间的变化及最近的动向展开话题。

做一个适合自己PPT主题的表格

如上所述，仅仅是表格的行列有变化，说明的方式以及通过此种说明方式所表达出来的意思会有很大差别。如同在对PPT素材进行排版时，要根据整个PPT的内容结构来进行排序一样，表格素材的排版方式也要紧扣你想要表达的中心思想才行。

总结一下，不管是PPT大纲还是PPT中所使用的表格等，都必须要在准确把握思想主题的前提下，遵循“Z字法则”。只要把握住以上关键点，你做出来的表格就都是能够“自然表达出PPT主题”的表格。

图4-2 表格必须要和PPT主题相结合

5－5

PPT制作的关键点5——图形也由“Z字法则”来决定

既然表格都按照“Z字法则”制作，那么图形制作自然也离不开这个法则。让我们回到之前本书第81页的表格，右半部分的图就是饼图。在这个饼图中，主要项目都按顺时针顺序排列。根据其重要程度说明，按照“Z字法则”，那么就是“左上→右上→左下→右下”的顺序。

将第83页的两个表格用图表的形式表示出来。虽然是数值相同的两个图表，但是根据所使用的图表类型和各个项目的分配位置不同，说明方法以及留给听众的印象都会产生差异。

例如，在“曲线图表”中，会给听众留下“这是一个展现各个公司三年间的营业额变化”的印象，接下来宣讲者会就变化展开说明，而且有意无意会让听众觉得你把重点放在说明的最后——“2007年各公司的状态”。

如果是以“柱形图”来表现，说明的顺序就会变成“A公司2005年→2006年→2007年营业额的变化”→“B公司2005年→2006年→2007年营业额的变化”→“C公司2005年→2006年→2007年的营业额变化”。那么，最后进行说明的“C公司2005年→2006年→2007年营业额的变化”会成为关注的焦点。即在这个PPT当中，主角是C公司。

假如你使用了“柱形图”，但是整个PPT关注的焦点并不是C公司，怎么办呢？在按照顺序A→B→C进行说明后，必须再次提到主角A或B才行。但这样往往犯了一个解释说明的大忌——让听众的思路转来转去，摇摆不定，到最后肯定会被转糊涂！

图5-1 饼图也要遵循“Z字法则”

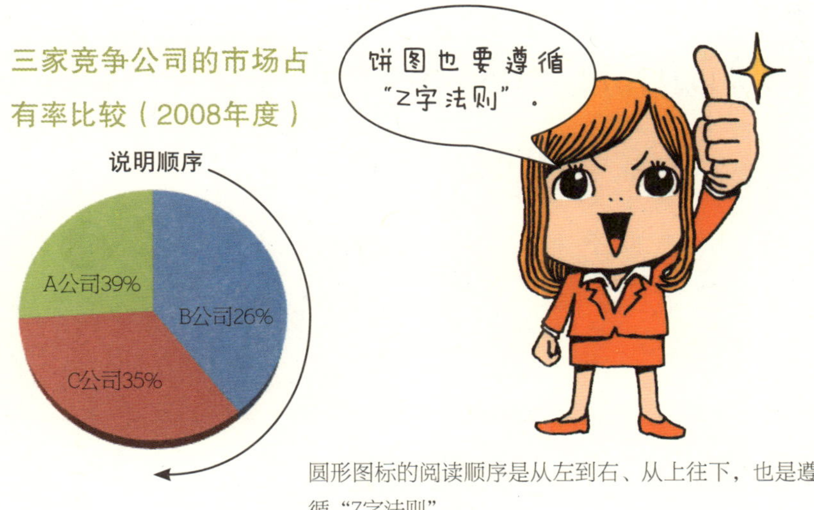

圆形图标的阅读顺序是从左到右、从上往下，也是遵循“Z字法则”。

图5-2 图标的种类不同，说明的顺序也有差异

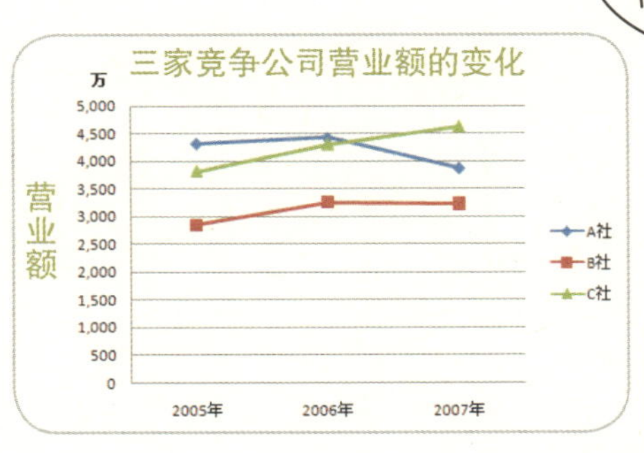

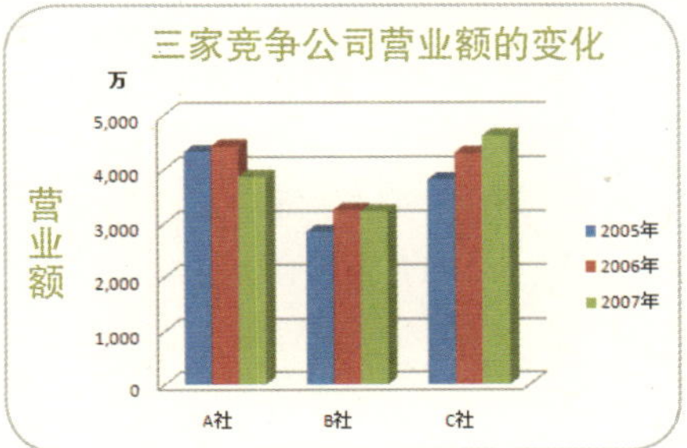

曲线图表是着重于2007年各公司营业额的差，柱形图是着重于C公司营业额的变化。

5-6

PPT制作的关键点6——明确素材之间的联系

一个PPT中会有无数的素材，例如表格、图表，甚至还有很多图片。如果其中一张幻灯片使用了两种以上的素材，就说明有需要特别注意的地方。为了让听众不被繁多的素材晃花了眼，有必要在以下两点上多下工夫：

★如何从最开始说明的素材过渡到接下来要说明的素材？

★这么多素材之间有什么联系？

请看本书下一页的第一张幻灯片上所显示的多素材，这张既使用了表格又使用了图表进行了展示。

按照“Z字法则”远望，最先说明的位置上是强调“C公司营业额变化”的表格，其次才是表示“C公司营业额上涨”的曲线图。位于表格最后的“C公司营业额近期动向”是关键，因此将此部分内容用曲线图再次表示一遍。

在这张幻灯片当中，与其用流利的语言进行强调说明，不如采用曲线图再次强调，反而更容易让听众明白。虽然第一张幻灯片不会让听众对内容产生误解，但由于两个图表之间没有显著的关联性，导致总有点别扭。

我们再来看第二张幻灯片。显然第二张幻灯片比起第一张更容易看懂，因为它在表格和进一步强调的曲线图中间画上了肉眼可见的连线。这样听众一看就知道，这两个素材之间是有联系的。

图6-1 素材之间有无联系，决定了PPT的易懂

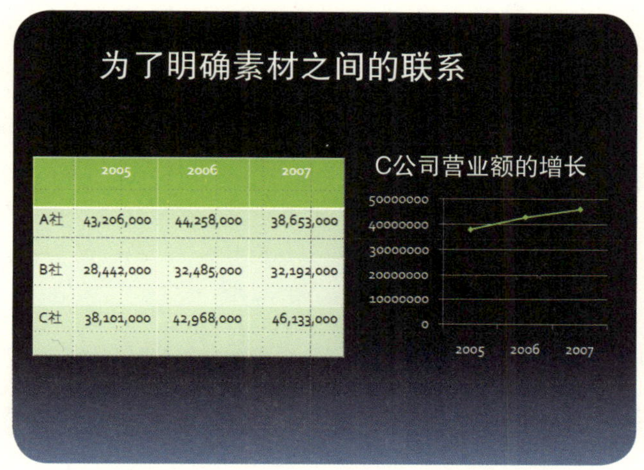

图和表所表示的内容都相同，但是没有明确表示出图和表之间有什么联系，没有附注说明，很难让人弄明白。

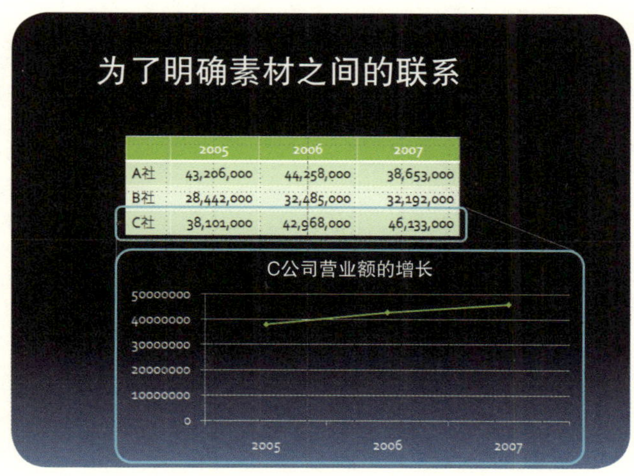

内容和上面的那张幻灯片一模一样，用曲线图表示的C公司营业额一目了然。只是稍稍画了几条线，立刻使整个内容变得简单明了。

素材之间的联系使资料变得简单易懂，对听众来说有好处，对宣讲者来说也一样。

这里所说的在“明确素材之间的联系”上下工夫，并非只是为了使听众对PPT内容有一个深刻的理解。另一方面，在现场宣讲的时候，对宣讲者自己也有很大帮助。

例如，宣讲者一时想不起来素材与素材之间或者幻灯片与幻灯片之间的联系，“啊？下面的主题是什么？该怎么过渡到下个说明？”这种时候，大部分人可能都会慌张，或者因为想不起来接下去的话而突然沉默，又或者会产生口误。只是一瞬间，宣讲者的惊慌、迷惘、错误就会传达给听众。于是，听众会对你产生不信任感，接下来，你想要让听众认同你的PPT内容就更不可能了。这是一个糟糕的连锁反应。

假设你在制作幻灯片的时候，顺便将素材与素材之间的联系简单地标注在幻灯片之上，那么对宣讲者自身也能起到提示的作用。即使你想要犯错也很难。素材之间的联系做得好，甚至都不用再看宣讲稿！

这样一个面面俱到的PPT，听众自然就能够轻松地跟着你的思维前进。所以，在明确素材之间的联系上可不能偷懒，必须好好下工夫！

图6-2 明确素材之间的联系，也有利于宣讲者

5-7

PPT制作的关键点7——解释说明就像是"爬楼梯"

向某个人说明某些事物的PPT过程，即以固定的某人为对象，将事情"慢慢地一点点传达过去，对方也慢慢地一点点吸收明白"。我们在脑海中将这个过程形象化，就会发现它类似于"爬楼梯"。所以，可以把PPT的解释说明比做楼梯。

"简单易懂的说明"就像是阶梯，而"你最终想要表达的主题"就是最上层的终点。一个优秀的PPT，就是要带领听众一级级慢慢地向上爬，不知不觉到达最后的终点。

你想知道什么样的PPT才是一个"优秀的PPT"吗？只要动脑子想一下什么样才是一个"好楼梯"的概念，想必就会明白。一段好的楼梯，"要让攀登的人能够看得见目的地"，"每级阶梯的高度要适中，能够让人抬抬脚就跨上去"，等等。同理，一个优秀的PPT，"要让人能够看得见结论"，"得出结论之前的说明要一点点地积累"，"最后慢慢带领着听众愉快地到达终点"。

此外，"有扶手，让腿脚不好的人也能轻松攀登"的楼梯，才是一段好的楼梯。同理，要是你为自己的PPT装备上"缺乏背景知识或专业知识的人也能轻松理解意思"的辅助性材料，那就万无一失了。

图7-1 一个优秀的宣讲PPT是？

★攀登的目的地要在视线中。

★能够安心地攀登。

★每级楼梯的间隔适中。

★楼梯之间的高度相同。

★有扶手，让腿脚不好的人也能轻松攀登。

一个失败的PPT是何模样

前面我们已经说了一个优秀的PPT所具备的条件，反过来，一个失败的PPT又是什么样的？我们先来设想一个失败的楼梯是什么样的，然后你立即就能明白“失败的PPT”是什么模样了。

“每级楼梯都非常高、落差很大”，相当于“素材之间、主体之间、幻灯片之间过渡跳跃性大，没什么关联感”。

要是个别的素材或幻灯片之间没有什么连贯性，听众的理解就不可能顺畅，必定会导致踏空台阶，连连出错，于是会给听众留下这样一个感觉：“你的理论跳跃性太大”，“你的PPT还不够成熟完整”。听众抱有这样一种怀疑的心态，又怎么可能赞同你的方案呢?

此外，“不断循环的地狱螺旋楼梯”，“看不见目的地，像是升到天堂的楼梯”等，都不是什么好楼梯该有的特征。

宣讲主题像螺旋状楼梯一样，听众不停地听你重复相同的事情，到最后肯定会无比厌烦从而失去兴趣；又像是通往天堂的阶梯一般“看不到尽头”的PPT，要么让听众着急上火，要么会让听众乏味得直打瞌睡。所以，这两种类型都不是什么好PPT该有的特征。

所以，想制作出一个精彩的、完美的PPT，就要从以下三个方面去考虑：“什么才是好的楼梯？”“不合格的楼梯又是什么模样？”“能够让人自然攀登的楼梯又是什么样？”那么，你就能够得出“什么样才是一个优秀、完美的提案”的答案！

想必你也发现了，这里我们还有一个问题没有解决——到底“能够让人自然攀登的楼梯又是什么样？”答案请看下一小节。

图7-2 一个不合格的PPT类似？

★每级楼梯间距很大。

★过分陡峭的楼梯。

★不停回旋向上的楼梯。

★看不见尽头，像是通往天堂的阶梯。

5-8

PPT制作的关键点8——别忘了加上“待续”吸引对方

上一小节最后，我们还留有一个问题没有解决，“能够让人自然攀登的楼梯又是什么样？”我留下了“答案请看下一小节”这样的话。那么，能够让人自然、轻松地攀登的“楼梯”（PPT），到底是什么样的楼梯呢？接下来，我就来告诉你这个问题的答案。

答案会让你觉得简单得出乎意料！就是要让听众拥有十分强烈地想要知道后续的心情。其实，我在上一小节最后已经很好地作出了示范。因为问题的答案在下一页，所以让读者产生了“想要知道问题的答案”→“想要翻开下一页”的心情。总之，你所有的努力就是要让读者自己有想翻到下一页的想法。

人们都喜欢简单的因果关系及其必然性，并顺着它去思考、行动。如果你的PPT具备了简单的因果关系及其必然性，那么对于听众来说，你的PPT内容就是简单易懂的，并且受到其中所蕴涵的必然性影响而很容易就接受了它。

而且，如果你的PPT真的是按照简单的因果关系及其必然性制作而成，那么在这一张幻灯片当中强调的主题，应当在下一张进行详细说明；或者在前一张幻灯片中留下几个吸引人的关键词，这样就会让听众产生想快点看到下一张幻灯片、想知道接下来的内容的欲望。

在前一张幻灯片的结尾留下听众感觉到的疑问、想要了解的东西，然后在下一张幻灯片中解释说明，这个小窍门非常重要！就像我在上一小节的末尾留下了“能够让人自然攀登的楼梯又是什么样？”这样的疑问，正在阅读本书的你是否想翻开下一页呢？

图8 制作一个让听众想知道后续发展的PPT

上面第一张幻灯片的最后留下了“为了不让听众听过、看过就忘，该怎么办？！”这么一句话，那么听众自然而然地会期待下面一张幻灯片；然后，第二张幻灯片中对这个问题进行了回答，自然就满足了听众。

第5章 小结

★

一张幻灯片最多可插入的文字行数是6行。

★

中文幻灯片中采用的字体最好是微软雅黑等黑体系。

★

幻灯片中使用的字号大写最好为20～30磅。

★

幻灯片的最佳配色是背景暗色调和冷色调，文字为白色。
但受到预算制约时，也可以是白背景、黑文字。

★

幻灯片中说明文字和素材的排版要遵守“Z字法则”，
按照“从左往右、从上往下”的顺序。

★

即使是内容相同的表格，只要排列位置不同，意思就不一样，
因此表格的制作也要遵守“Z字法则”。

★

图表的制作也要遵守“Z字法则”。最后说明部分务必要和下面有联系。

★

PPT中使用多数“相互有关联”的素材时，
要在明确素材之间的联系上下工夫。

★

PPT就像是“楼梯”，PPT要制作得像一个合格的楼梯。

★

各个幻灯片之间要让听众有知道进展的欲望，
要让听众强烈地想知道接下来的内容。

第6章
反面教材

Skill for logical presentation

6

6-1 “难懂的PPT”具有什么典型特征

前面我们学习的五个章节，都是讲述如何制作出一个优秀的PPT、准备易懂资料的方法，这样确实有助于你成功地制作出一个很棒的PPT。同时，了解它的反面，也能得出相同的结果。是不是觉得很奇妙呢？那么，我们就一起来看看如何“反其道而行之”吧！

“反其道行之”的目的只有一个——为了“避免制作出不良PPT”。换句话，我们先了解什么样的资料是难以理解的，然后避免发生类似的错误。

调查研究显示，在“练习准备PPT资料”的实战演习当中，有一半以上的人拿出的资料都是内容百分之百相同、难懂的资料。这个结果真的很令人吃惊。也就是说，“难懂的资料”具有某些典型的特征，并且许多人会犯同样典型的错误。换个角度来说，我们只要了解了那些典型的失败例子，就可以总结经验教训，避免自己犯同样的错误。

事实证明，现在一半以上的人的PPT资料都是典型的让人难以明白，所以本章就为大家准备了许多带有典型错误的例子。大家了解哪些晦涩难懂的材料应当避免，就可以成功地制作出所有人都能够轻松明白的PPT。

我要在这里说一下，准备简单易懂的PPT材料绝不是什么有难度的技巧。下面让我用简单的语言来描述一下那些实例吧！

图1 很多初学者都会犯同样的错误！

在对大家准备的资料进行点评时，我发现竟然有一半以上的人犯了相同的错误！真是不可思议。换言之，我们只要了解了这个典型的错误，就能制作出一级棒的PPT资料。

6-2 分项符号要禁止无意义的居中

在“练习准备PPT资料”的实战演习当中，我发现制作出的资料之所以难以明白，在于毫无顾忌地使用了“格式居中”。

我统计了一下，震惊地发现，有六成以上的人在幻灯片中毫无顾忌地滥用“居中格式”。特别是在课题很多、时间又比较紧迫的情况下，九成以上的学生会图方便而选择中间对齐的格式。反过来说，只有10%的人从中间对齐的难看“魔掌”下逃了出来。

不良的“居中格式”有好几个样式，在幻灯片资料中出现得最多的是“居中的分项符号”。在用于宣讲的PPT中，文本采用项目符号的格式排列是最为频繁使用的。不知道为什么，让它居中的人竟然不可思议地多！

下一页中的第一幅图所展示的幻灯片，就是对项目符号的文本进行格式居中的示例。远看这张幻灯片，不难看出它有点乱七八糟，很难看明白。而第二幅图中所展示的幻灯片是进行“左对齐”的示例。我们把两张幻灯片进行对比一下，可以得出以下结论。

图2-1 居中与左对齐的对比

居中的分条列举文字

■“按照PPT基本模式”让准备工作变得简单！
■“KISS原则”让说明变得易懂。
■“正确逻辑”≠“简单易懂”。
■“自然的因果关系、必然性”比较容易理解。
■让听众觉得有意思。
■制作“利益”“易懂”“趣味”兼备的PPT

每列的开头都没有对齐，所以看起来比较费劲。即使添加括号备注，也不容易明白。

左对齐的分条列举文字

■“按照PPT基本模式”让准备工作变得简单！
■“KISS原则”让说明变得易懂。
■“正确逻辑”≠“简单易懂”。
■“自然的因果关系、必然性”比较容易理解。
■让听众觉得有意思。
■制作“利益”“易懂”“趣味”兼备的PPT。

每列的开头对得都很整齐，一目了然，清晰明了。这也是项目符号的意义所在。

对项目符号文本居中，有以下弊端：

① 因为行的开头不整齐，不方便逐行阅读。

②一行的说明文字左右不对齐，所以难以理解上下行间的对应关系（特别是括号对应的对象等）。

③ 每行的开头不对齐，那开头的“■”就没有意义了。

④ 本来就不是阶梯构造的文本，看起来却有很多层次。

下面我们来对比一下“正确左对齐的阶梯构造文本”和“居中的阶梯构造文本”。

把这两张幻灯片放在一块儿，我们不难发现，居中的“分级结构”文本出乎意料的难看，并且难以看懂。仅仅是让它中间对齐了，就让项目符号的结构完全丧失了本身的意义。

因为PPT的资料有一半都会采取这种“阶梯构造的分项结构”，所以绝对不能把分项居中！虽然看起来非常简单，但我敢打赌，这个窍门对一半以上的人的PPT都会非常有效。

图2-2 “正确左对齐的分级项目符号”和“居中的分级项目符号”

居中的“分级项目”

■ 合格的PPT资料
■ 一看就懂
■ 说明文简单易懂
■ 解释流畅、引人入胜
■ 不合格的PPT资料
■ 正文太过拥挤
■ 完全不明白在说什么

当采取复杂排版时，居中反而弊大于利，好不容易选择的分级项目符号也变得毫无意义。

正常的“分级项目符号”

■ 合格的PPT资料
■ 一看就懂
■ 说明文简单易懂
■ 解释流畅，引人入胜
■ 不合格的PPT资料
■ 正文太过拥挤
■ 完全不明白在说什么

各个条目的开头都对齐了，不但看起来简洁，分级项目符号也发挥了它应有的作用。

6—3

数值表也要注意不要随意居中

如果细心观察过很多宣讲，那么你会不可思议地发现，我们总喜欢在幻灯片中使用中间对齐格式，大概是认为中间对齐很好看，具有平衡感。但是，随便进行居中反而会让讲义让人难以理解，效果适得其反。现实生活中，这样的例子真的是不胜枚举。

下一页中举的例子，正是糟糕的居中格式的表现之一“中间对齐的数值表”。看看下一页的表格，你能够一眼看出哪个数值大、哪个数值小吗？应该绝对不能一目了然。

当然，还是能看明白每个单元格里的数值大小。但是，如果要说整张表中哪个单元格的数值最大，除非是记忆力超级好的人，否则肯定无法一眼就判断出来。假设我现在提问：“这个表中最大的数字是在哪儿？”大家恐怕无法立即回答上来吧。表中数字的位数不一样，会使表格无法一目了然。

所以，“数值居中的表格”可以说是完全“无法判断＝不明不白”的表格。如果听众不能在第一眼就明白表格所表达的意思，那么就变成了毫无意义的表格。

更让你意想不到的是，在PPT资料制作的实战演习中，有九成学生都使用了“数值居中（或者说是数值左对齐）的表格”。换句话说，有九成人做出来的表格都让人看不懂。这到底又是为什么？

图3-1 这样的表格最糟糕！

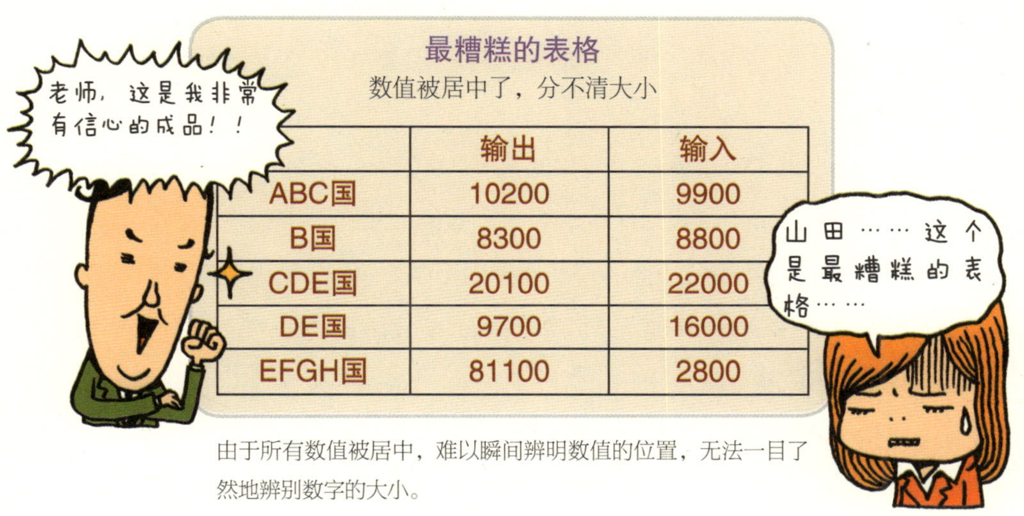

最糟糕的表格

数值被居中了，分不清大小

	输出	输入
ABC国	10200	9900
B国	8300	8800
CDE国	20100	22000
DE国	9700	16000
EFGH国	81100	2800

由于所有数值被居中，难以瞬间辨明数值的位置，无法一目了然地辨别数字的大小。

利用PPT的固定格式来制作表格又会如何？

数值左对齐的表格

但还是不知道数值的大小关系

	输出	输入
ABC国	10200	9900
B国	8300	8800
CDE国	20100	22000
DE国	9700	16000
EFGH国	81100	2800

虽然表格中的数值被统一对齐了，但是，左对齐还是无法在瞬间比较出数字的大小关系。这个也被PASS了！要继续下工夫！

在制作PPT的时候，你怎样使用PowerPoint软件？有的人首先用Excel制表（或者挪用已经制作完成的Excel表格），然后把表格复制出来粘贴到PowerPoint上。也有很多人觉得，从Excel上贴过来的表格的行和列都很小，于是在PowerPoint上重新修改。

用PowerPoint在幻灯片上直接制作表格（不是在Excel的工作表上）或者插入表格，因为PowerPoint的表格没有“文字”和“数值”的区分，所以表格中的所有内容都是左对齐。也就是说，用PowerPoint制表，会自动生成左对齐的表格。正因为如此，许多人想“左对齐的表格不是很难阅读吗？中间对齐多好看”，于是，把表格的内容统统居中了。但这是错的！

用PowerPoint制作包含数值的表格的正确方法是：

★如同前一小节所述的分级项目符号左对齐的理由一样，表格左端一列的部分是为了使上下文字的开头对齐、好看，所以需要进行左对齐。

★上端一行的部分，为了不太接近表格的边框、方便阅读而选择居中对齐。

★表格内部的数值部分，为了能清晰地判断出数值的大小，要右对齐。

图3-2 正确的表格制作方法在此！

正确的表格制作方法

- 左列为了保持列宽适度而左对齐。
- 上行选择居中或者（同数值一样）选择右对齐。
- 数值部分一定要选择右对齐的格式。

	输出	输入
ABC国	10200	9900
B国	8300	8800
CDE国	20100	22000
DE国	9700	16000
EFGH国	81100	2800

左端一列左对齐

上端一行居中

数值右对齐

表格要这么做

为了保持列宽适度而左对齐，上行选择居中或者（同数值一样）选择右对齐，数值一定要选择右对齐的格式，这样数字的大小关系一目了然。笔算的时候也一样。

6—4 可以使用居中的四种文本类型

在PPT的演示文稿中，使用中间对齐有很多坏处。无论是对文本还是对数值表，滥用居中会让内容变得难以理解。看到这里，想必大家会很疑惑，那么，到底什么时候才可以使用居中对齐？

下面，我就来为大家介绍一下恰当使用居中对齐的优秀例子。下面有四张幻灯片，每一张PPT都写上了一个简短的关键词，让听众建立一个初步的印象。如果这些PPT像一般的文本和项目符号文本一样，都使用左对齐书写，那么在听众的印象中就根本没有什么突出的、值得注意的地方了。

另外，像前面所说的表格最上面一行，要在狭小范围内插入文字，如果使用居中格式，就可以使文字和周围的边框隔开一些距离便于阅读。所以，当插入的文字周围空间不够时，就应该使用中间对齐格式。制作PPT的基本原则，就是消灭难以阅读的文字！

除此之外，还适合使用中间对齐的文本有图片的说明、PPT标题和副标题。

除了在PPT中粘贴一个图形或表格的场合，通常情况下，将文章中间对齐都会使其读起来颇为费力。而适合使用中间对齐的情况只有“只写关键词的幻灯片”“表格的最上面一行”“图片的说明”“标题和副标题”等。

下面我们就来看一下具体的例子吧！

图4 可以使用居中的四种文本类型

留下印象的重要关键词

Observation

Simulation

Emulation

为了给听众留下印象的重要关键词

表格的最上一行

	输出	输入
ABC国	10200	9900
B国	8300	8800
CDE国	20100	22000
DE国	9700	16000
EFGH国	81100	2800

图的说明文字

图形的说明

“各公司营业额的增长状况”

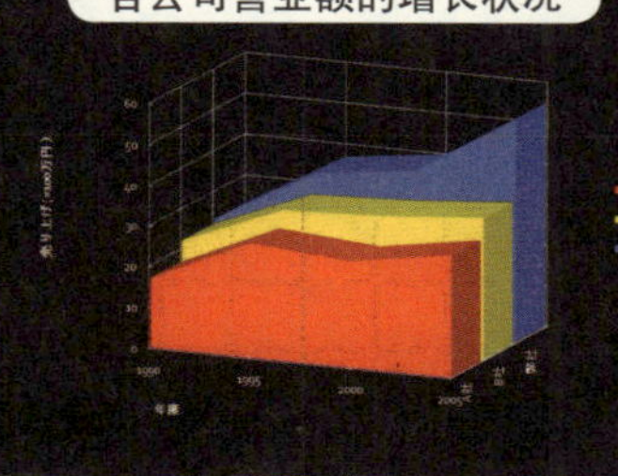

标题

SoftBank creative

Science系列

让技术人员也能掌握的PPT技巧

并不是所有的居中都被禁止，要看用在什么地方，以及使用之后的效果。

6—5 文章内容要精练

下面，我们继续列举关于难懂PPT的典型例子。

过长的项目符号文本

在宣讲所使用的PPT中，应尽量避免出现多行的文字说明。因为阅读多行的文章总是很累。从说明文章的左端开始向右读过去，读到这一行的尽头，听众的目光又要再寻找下一行的开头接着读。如果PPT中都是这样大段的说明文字，听众不但会非常疲劳，而且就没有余暇去看图片了。

另外，在多行的项目符号文本（清单）中，如果存在多行说明文字，就会破坏分级列表结构，使其难以理解。

PPT中一行文字最长不要超过20个字，也就是说，说明文字要控制在20个字以内。假如一张幻灯片的左半边是文字，右半边是说明的图像，那么说明文字更要缩减，最好控制在10个字以内。

冗长的文章

在冗长的说明文字中，经常会有重复累赘的词语（特别是主语）。对其进行缩减的时候，就需要删除那些重复使用的词语，让它们在句子中只出现一次。例如在下一页的例子中，可以发现“消费者”“正在”这样的词重复出现了很多次，几乎每个项目都包含了这两个词语。

图5-1 削减冗长的文章

省略了第一张幻灯片中重复出现的词语，第二张幻灯片明显简洁许多。

①消费者正重视△×的重要性。

②消费者正担心○△。

在项目符号分条文本格式中，几乎每一条都有重复的词语出现，实际上，这些词语没必要写出来。这时候应作如下修改：

消费者：

①重视△×

②担心○△

这样，我们就把原先最长一行的12个字缩减了一半多，只剩下4个字。由于词语少了，听众看起来也更明了了。不仅如此，因为出现的语句减少了，关键语句（关键词）更加一目了然，说明变得更容易理解。

不仅是项目符号分条的文本，在很多场合下，多余的词语会导致说明文字跨了很多行。所以，我们在PPT中写入说明文字时，应该检查一下是否有重复累赘的词语，然后将其删除，这样多行的说明文字自然而然就消失了。

大家最好平时就注意练习将繁冗的文章简洁化。例如，把长篇文章用几句10个字以内的短句概括出来，再精练成10个字以内的超短句。平时多多练习，慢慢就会有成效了。

图5-1 练习将复杂的文章简洁化

不管是文科还是理科，在商务上想要避开“制作PPT”都是不可能的。不管你的脑子里有多么美妙的点子，也不管你有多么新颖的研究成果，如果你使用的是一个杂乱无章、让人难以理解的PPT，那么你的一切点子都白费了。且不论PPT失败会让好不容易准备的方案不能被采用，你自己还会被贴上“不擅长提方案”的标签，使自身的评价受损。但是，市面上很少有那种教导别人如何表达自己思想的书，这正是本书存在的目的。本书从基本的“到底什么才算是优秀的PPT”，到宣讲临场的心理准备、事前准备、制作方法，宣讲时的正确动作、PPT的有效利用方法、吸引对方视线的技巧、质疑问答技巧等，逐一进行了详细解说。

在商务上，PPT技术不可欠缺。
PPT失败有可能影响到自身的评价。
从PPT的制作方法到最后的质疑问答技巧，都逐一进行解说。

6-6 绝对不用难以形容的颜色来区别

下面举另外一个典型的反面例子：为了方便判断数据资料而在图表上标志各种颜色。很多人都见过下一页上那样的图表吧，直接使用Excel的制图向导做出来的折线图一般就是那样。

那么，你发现这个图表有什么弊端了吗？

这个图表比较1990年、1995年、2000年、2005年这四年，三个公司销售额的增长状况。但是，作者能否清楚地向读者形容出每种颜色呢？假如想要确切地形容图表的内容，就会变成如下样子：

以颜色进行区分的图表

“水蓝色线的是A公司，葱绿色或青葱色的线是B公司，而介于茶色和红豆色之间的线是本公司……”

这不是在对图像说明，而是变成对颜色说明。本来听众关心的是图表的内容，却被对颜色的判断吸引去了注意力。用这种非主流的颜色来区别数据并且让听众识别的做法，显然不可取。到底该怎样做才恰当？

在制作PPT的时候，想让听众清楚理解图表中的数据，必须注意以下两点：

图6-1 在图形中使用难以用语言描述的颜色……

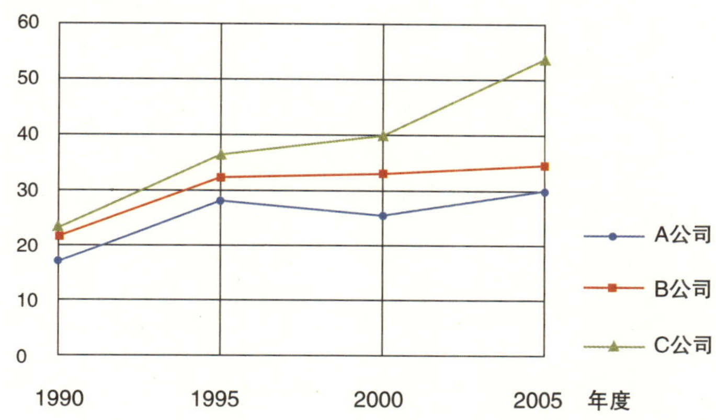

图形中的线使用了三种难以描述的颜色来区分，线之间的位置也很难描述。如果连宣讲者自己都说不清楚，听众又怎么可能明白呢？

①制作立体图表，使位置关系等能够清楚地说明。

②如果完全无法避免使用颜色，就使用便于说明的颜色。使用图案的时候也是一样。

基于以上两点，我们再做一个新的图表，这样说明就会呈现如下状况：

以位置关系进行区分的图表

“最前面的这一条线是A公司的销售额，中间的是B公司，最里面的是本公司。”

与上面例子中不清晰的说明不同，这是个清晰且明确的描述。“最前面”永远都是最靠近听众的这边，“最里面”永远都是最深处那边。这样就能确切地将图表内容传达给听众。

即使必须用颜色来说明，也要在制图时使用“红”“黄”“蓝”等简单常用的颜色。虽说这个方法可取，但是，识别颜色因人而异，所以不推荐仅仅使用颜色来识别图表。

因此，宣讲者尽量不要直接使用Excel制图向导制表，多花些时间制作出一个简单易懂的图表比较好。多下点工夫就可以使PPT变得更加容易说明、更加简单易懂，也就更便于听众理解。

图6-2 在图形中使用容易描述的颜色……

营业额（百万元）

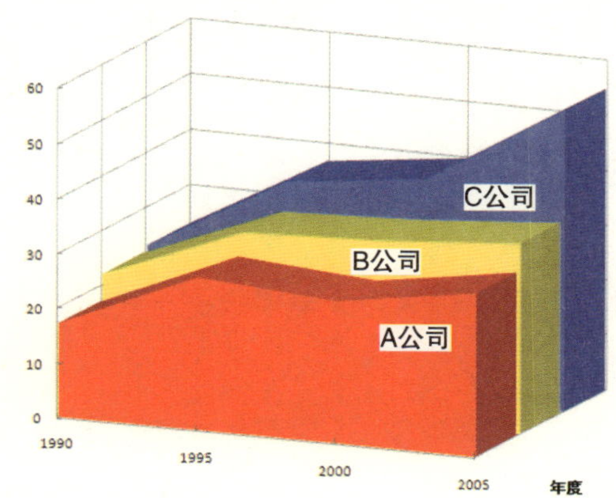

使用“红”“黄”“蓝”等十分简单的颜色，颜色之间差异明显，说明起来就容易很多。只要描述“最前面”“最里面”，位置关系就能轻松地解释清楚。

6—7 根据PPT内容对图表进行排序

下面是一个“典型难懂”的例子，对图表进行适当的排序，只要稍加注意，就可以变为“简单易懂”的例子。

下一页的图表是一张“你对现在的社会什么感到不满？”的问卷调查表，是一张柱形图表（数值虚构）。

如果宣讲者使用这张图表，听众就必须自己判断“教育、文化投入”“治安、防止犯罪”“住宅环境”“养老金管理”这几项的大小关系，这就显得你准备得不够到位。不仅如此，之后宣讲者肯定要强调一句：“福利、护理的需求是最高的。”

的确，“福利、护理”的需求最高，但是，你注意到了吗？“福利、护理”和其他几项之间的关系，很难从这张表中看出来。

下面我就来为你演示一下，怎样将这个反面例子稍稍修改一下，立即就转变成正面例子。其实，只需要把图表中的数据按照适当的顺序排列一下。

①最上面是值最大的项，下面按由大到小的顺序排列。

②最上面是值最小的项，下面按由小到大的顺序排列。

图7-1 未排序的图表

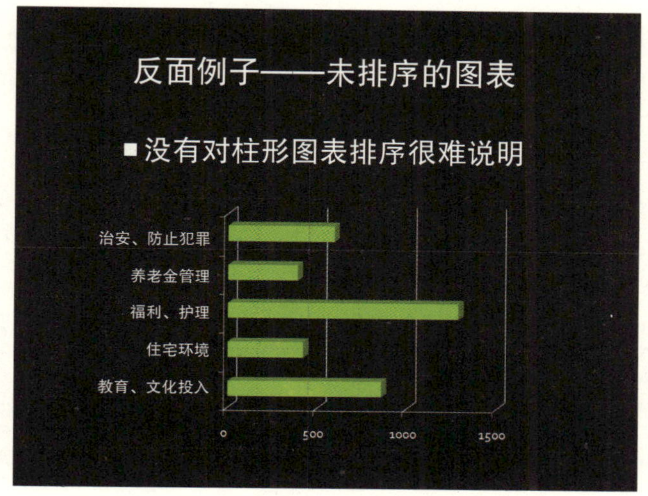

没有对柱形图表排序，所以很难解释说明。除了相邻的两项之外，其余各项的值无法比较。

在下一页中，不论是图表1还是图表2，都按照值的大小进行排列，这样听众就不需要再单独考虑值的大小，足以显示你的PPT万分周全，从而博得听众的好感。不仅如此，图表1中“福利、护理”一项在最上面，比起其他项，直观地给人强烈的印象——“需求最高的是福利、护理”。

图表2从最小的值开始看起，就像猜谜游戏一样，让听众满怀兴趣地想要看看“最大的一项是什么？”让听众想要继续了解 = 吸引住了听众的注意力，同样会使最后一项“需求最高的是福利、护理”的出现更具冲击性，给听众留下的印象也更为深刻。

所以，在制作图表的时候，一定要考虑一下“图表的各个项怎样排列？”“各个项排列好后要如何讲解？”这样就能使“没思考到位、不贴心”的图表成为宣讲者下工夫做成的、令人印象深刻的图表了。

图7-2 按顺序排列的图表

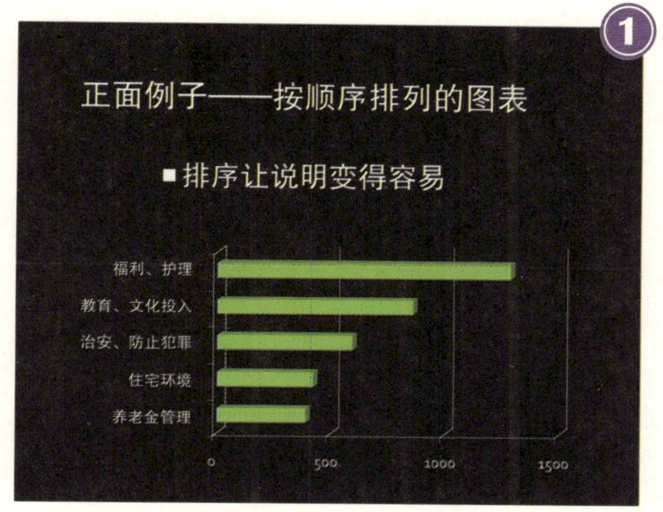

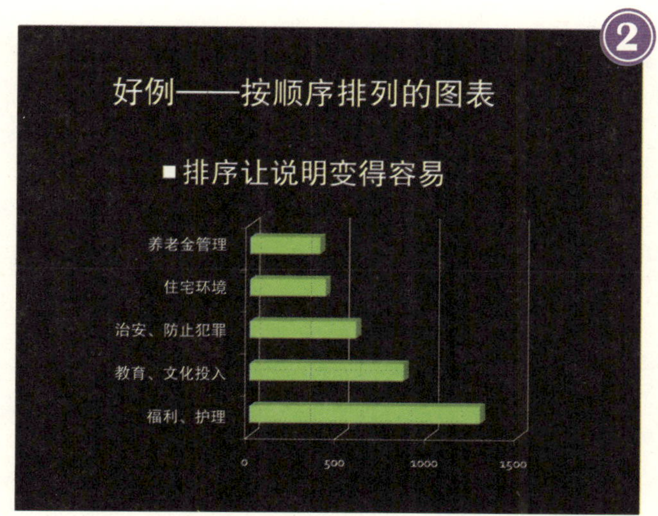

各项目按顺序排列，解释说明变得更容易。各个项目的值谁大谁小，一目了然了吧？

6—8 要注意图表是否和备注文字脱离

在第5章中，介绍了PPT素材的说明、配置准则——“Z字法则”。这个法则抓住了听众视线自然前进的方向，按照这个顺序对素材进行排列，就能让听众自然地远看PPT，自然地理解。同理，按照听众视线左右移动的方向排列图表，也会收到同等的效果。

看起来很费劲的普通图表

接下来所举的例子，是因为“图表本体和说明语句分离”而使人看起来很费劲。

下一页中的饼图是一张普通的图表。这种非常普通的图表，很多人制作PPT时使用的饼图都是这种样式。

我们站在听众的立场上来远看一下这张饼图吧。你发现了吗？左边的“饼图本体”和右边的“文字说明”中间有很大的空隙，我们的视线要往返很多次，才能看明白整张图。

就算宣讲者对这五项进行了详细讲解，听众能完整地记住顺序吗？这个问题的答案不得而知。不过，这个图表带来的结果就是，听众一会儿看左边的饼图本体，一会儿看右边的注释，再看左边，再看右边……无论如何，这样都会给听众留下“看起来太费劲”的不良印象。

图8-1 最常见的饼图

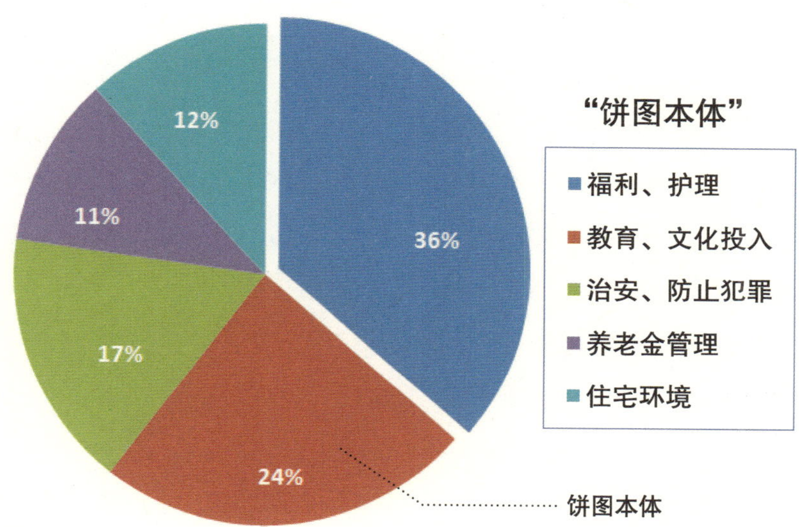

如果直接利用Excel做饼图，就会呈现上面那样的结果。虽然没有错误，但是听众的视线必须在饼图本体和说明语句之间来回移动。

将数据说明体贴地放在饼图上

我们只要稍稍改动一下那个“费劲”的饼图，效果就会大不一样！步骤很简单，只要将数据说明体贴地直接放在饼图上。

用右键单击饼图，选择“添加数据标签”，就会自动显示数据的分类名和值。

但是，这里又出现了一个问题。Excel制表最开始设定的文字有点小，作为PPT资料来说不太合适，看起来会很费劲。因此，再选择“更改字体大小”，将字号调到你想要的大小。

只要这样简简单单的一小步，就让一个“看起来费劲”的图表大变身了！听众只要看饼图本身，就能知道所有的对应数据。不用左右来回地移动视线，还更容易记忆和理解，和前面那张饼图相比，简直是焕然一新。

宣讲者自己也能从中得益，在宣讲过程中，能够完美地把握所有数据而顺畅地说明。总之，修改过后的饼图一举两得、各方受益。

想让制作出来的PPT易懂，就好好记住这个小技巧吧，它的效果会让你惊奇！

图8-2 稍加改变，让难看的饼图大变身

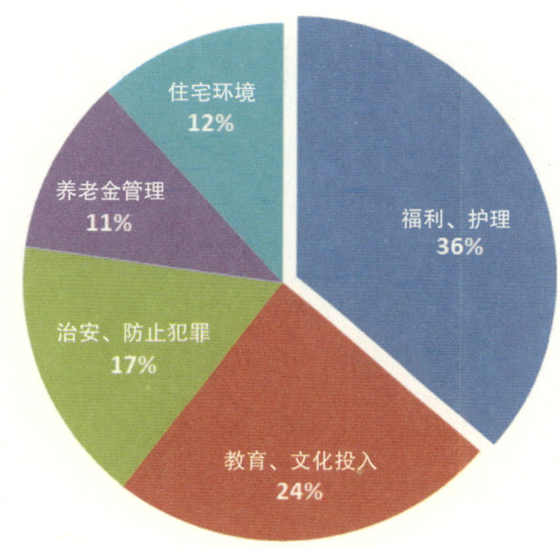

在饼图上添加各个项目的名称和数据，让听众无须左右移动视线而一目了然。

6—9
跳跃性太大的PPT会让对方迷惑

明明每一张幻灯片的意思都明白，但是，合在一起怎么就看不明白了呢？为什么会产生这种情况？这是因为每一张幻灯片之间没有让人感觉到联系性。

听众看不到幻灯片之间“简单易懂的因果关系及其必然性”，就会出现每个小节的意思都明白，但是合在一起就不明白的奇特状况。

幻灯片之间的“跳跃性”太大，资料变得难懂

在前一章中我们说到“幻灯片＝爬楼梯”，如果每级楼梯之间（幻灯片之间）的间距都很大，听众就会跟不上你的思维。

例如下一页的两张幻灯片：

第1张幻灯片：骑摩托车时，手掌摊开时的形状；
第2张幻灯片：手掌周围的空气流量计算结果。

即使让听众同时看着这两张幻灯片，也很难明白第一张“手掌的图片”和第二张“空气流量计算结果”有何联系吧？想要听众自己去理解两者之间的位置关系、内在联系等，是非常困难的。

你说：“可以在两张幻灯片之间，用语言再补充说明！”这或许是个弥补的办法，但是，想必你要作的补充说明不是三言两句就可以说清楚的，少不得要费许多口舌，说上一大段话。暂且不论听众能不能听明白你的解释，就算口头解释清楚了，这两张幻灯片也失去了表达内容的意义。

图9-1 跳跃性太大的PPT

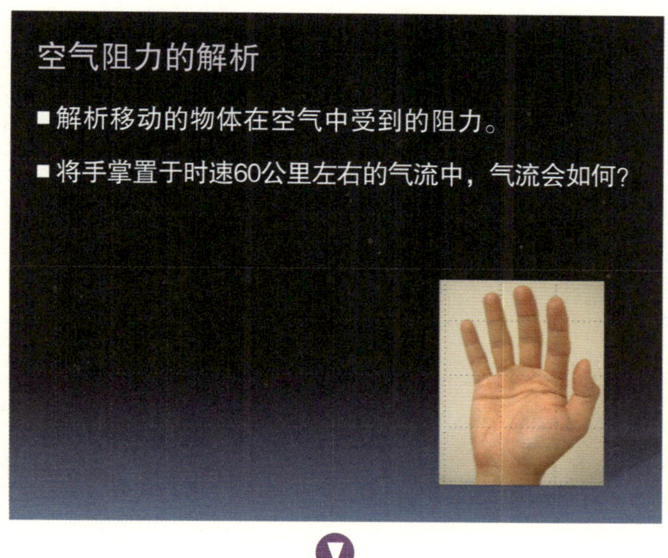

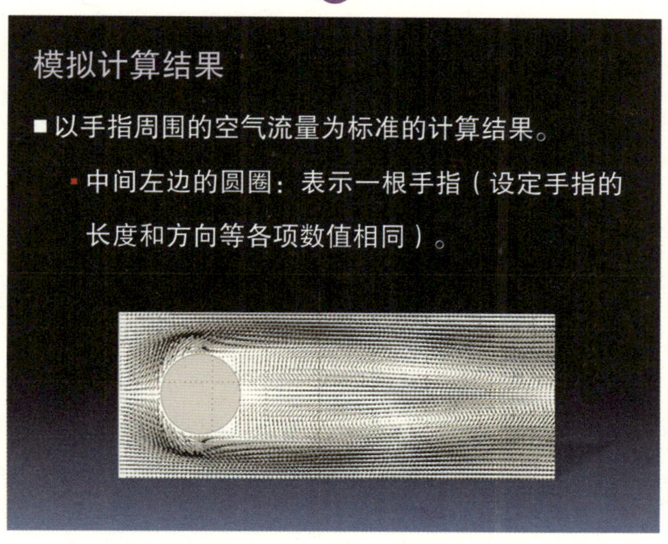

第一张幻灯片和第二张幻灯片之间没有任何共通的要素，对于不熟悉内容的人来说，乍一看第二张幻灯片，完全不知道在说什么。

解说中的幻灯片和下一张幻灯片内容要稍微有点重复

前一张幻灯片的结尾和下一张幻灯片的开头内容有点重复会比较好。例如下一页中的例子：

首先，第一张幻灯片的左边是“行驶中的摩托车照片”，右边是“摊开的手掌周围的气流计算结果图片”。

接下来在第二张幻灯片当中，左边再放一次“摊开的手掌周围的空气流计算结果图”，然后再添加详细的计算结果。

这样做，两张幻灯片的内容就有一小部分是重复的。对于听众来说，两者之间就有了关联性，不至于不明所以。所以，要在幻灯片之间制造联系性，“稍微重复一部分内容”是非常有效的方法！

这个小窍门只是给PPT熟手的建议。而对于制作PPT还比较陌生的人来说，要利用更简便的方法在幻灯片之间制造联系。例如，将前一张幻灯片最后的语句放在下一张幻灯片的开头等。生手们也请多多利用这个要点吧！它是一个非常有效的小技巧。

这个小技巧有一点需要额外注意：有时候，连接的话语太过于顺溜，而且中途也不做特意强调，你的解说就有可能变成没有起伏的“流水账”。所以已经能够做到自然流畅的朋友们就要注意，这时候就要注重强调一下内容的起伏和强弱，这样才能让听众分清重点。

图9-2 没有跳跃性的PPT的良好例子

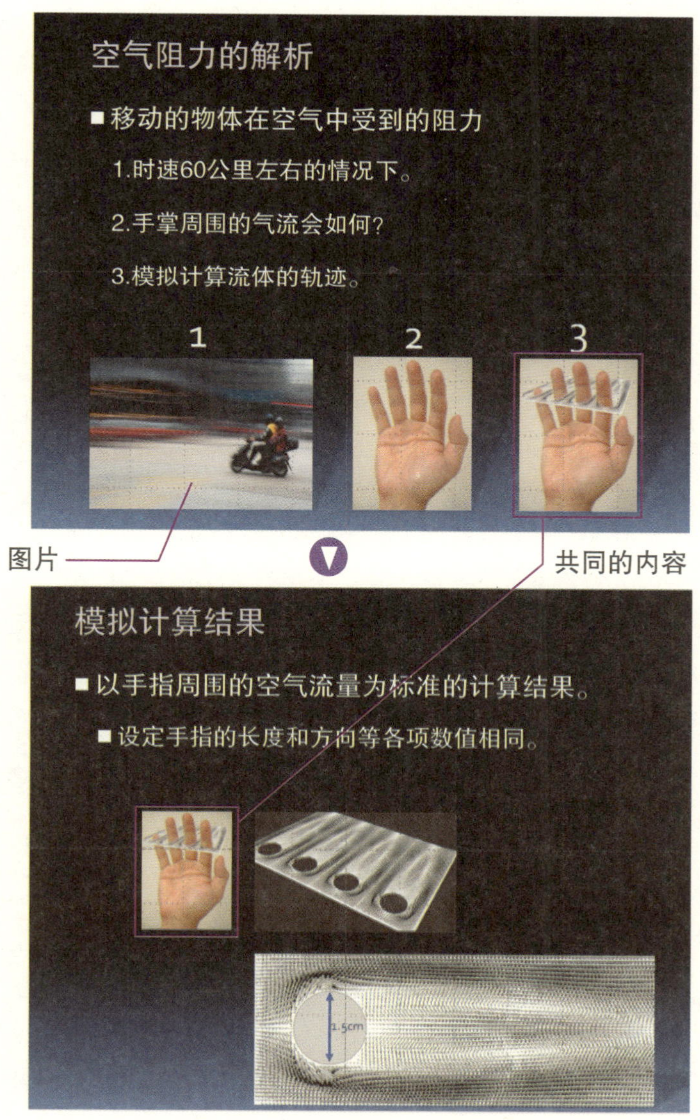

在两张幻灯片中放入同样的图片，这样在看到第二张幻灯片的时候，就很容易想起前面的内容。

6—10

PPT绝不能让人眼花缭乱

PPT的最大问题，莫过于“想让听众看到以及思考的东西”与“听众实际看到的和实际思考的东西”有差距。也就是说，宣讲者和听众之间所看、所思的内容都不同。这样糟糕的状况，正是因为你的PPT让人“不知道看哪里”才好。

那么，想要避免制作出眼花缭乱、让人不知如何“下目”的PPT，该怎么办？

答案只有一个：不要让“容易混淆视听的、多余的内容”出现在PPT上。

除了宣讲者在那一瞬间想让听众看到的东西，其余的都暂时不要出现。文字和图片等需要的时候才出现，不需要的时候就隐藏起来。总之，就是要让听众在正确的时间看到相应的内容，让听众的目光一直追随着你说明的部分！

使用PPT中“动画”选项卡中的功能（例如“淡出”）就能简单办到。让幻灯片的素材和文字在想要的时刻出现，在不想要的时候就让它“淡出”，慢慢地消失，或者淡化不需要出现的内容，来突出“想要让听众着重注意的内容”。

图10 严禁过分拥挤的PPT！

将三个条目集中在一张幻灯片上，乱糟糟的，让人不知道该着重看哪里比较好。

从色差上考虑内容的难易度

■考虑不同的视觉、对颜色的敏感度等
■考虑到色差
■不同颜色的差别
■黄色和青色识别困难
■灰暗的颜色也识别困难
■注意幻灯片的配色
■幻灯片、文字
■图形中所使用的颜色

从色差上考虑内容的难易度

■考虑不同的视觉、对颜色的敏感度等
■考虑到色差

从色差上考虑内容的难易度

■考虑不同的视觉对颜色的敏感度等
■考虑到色差
■不同颜色的差别
■黄色和青色识别困难
■灰暗的颜色也识别困难

从色差上考虑内容的难易度

■考虑不同的视觉对颜色的敏感度等
■考虑到色差
■不同颜色的差别
■黄色和青色识别困难
■灰暗的颜色也识别困难
■注意幻灯片的配色
■幻灯片、文字
■图形中所使用的颜色

三个条目分别列在三张幻灯片上，并按顺序显示，听众的注意力就会放在每一个项目上。

第6章 小结

★

了解典型性难懂资料的特征。

★

居中的项目符号格式完全没有意义，分项就应该使用左对齐。

★

数值表居中就无法比较出数值的大小，所以数值部分要右对齐。

★

可以居中的四种文本：“只写关键词的PPT”

“表格的最上面一行”“图片的说明”“标题和副标题”。

★

削减重复累赘的语句，让过长的分项文本以及冗长的文章缩短。

★

饼图等图表要尽量变成宣讲者和听众双方都易懂的图表。

★

幻灯片之间的重复部分内容有利于建立联系，让听众不至于不明所以。

★

就算有很多想要表达的内容，也不能让PPT过于拥挤。

第7章

9招让你的PPT引爆眼球

Skill for logical presentation

7-1
粘贴图片，使饼图一目了然

前面曾提到，列奥纳多·达·芬奇曾留下名言“不要只用语言”。只是口头进行说明的PPT，很难让人完全明白。利用图形或图表来解释说明，会让人更容易听懂。因此，要使用图形、图表使其视觉化，因为亲眼看见比亲耳听见更为印象深刻，也更容易让人明白。

进一步来说，在图形、图表中再加上图像（图片），更是事半功倍！下面就为你介绍一下如何使用图片，使图表更简单明了的小窍门！在此，我们称之为“图像饼图”。

本书第138页中的例子就是在PowerPoint 2007中所做的“图像饼图”。

我们按顺序来进行解说。首先，在PPT中制作出来一个饼图（在Excel表格当中制作也一样）。此时，这个饼图还只是一张十分普通的饼图，虽然不很复杂，但绝不是清晰明了、自然易懂的图表。

接下来，我们给这个饼图“添加数据标签”，这样各个部分就自动添加上表格中相对应的名称、数值等。这都是前一章节中就提到的方法，不能称为新技巧。

制作No.1的饼图

接下来才是重点！选中饼图中表示“想去土星的人数”那一部分（在这里是绿色部分）。

右键选择“设置数据点格式”→“填充”→“图片或纹理填充”。“插入”→“来自文件”→从文件夹中选择土星的图片。

单击“确定”之后，土星的照片就粘贴在表示“想去土星的人数”那一部分饼图上。接下来重复上面步骤设定，在“设置数据点格式”中，给“想去木星的人数”部分饼图同样粘贴上木星的照片。

结束后，表示土星的饼图部分就显示出了土星的照片，表示木星的部分就显示出了木星的照片。是否一目了然？！

不要高兴得太早。你也发现了吧，土星和木星的照片和背景融为一体，饼图的边缘看不见了！下面让我们继续设置：

“设置绘图区格式”→“边框颜色”→“实线”，然后再在“边框样式”中调整宽度大小。

OK！按照以上方法制作出来的饼图，不用特意去看备注说明，只要看见饼图的一瞬间，自然就能够理解内容。因此，可以删掉原先饼图右侧的“备注说明”了！

只是稍稍使用了“填充”这样一个小功能，就能彻底改变你的饼图。不但一目了然，而且在进行PPT宣讲的时候能带来无限乐趣。让你的PPT成为一个乐趣非凡的PPT，这也符合PPT的必备基本原则。

图1 图片式饼图的制作方法

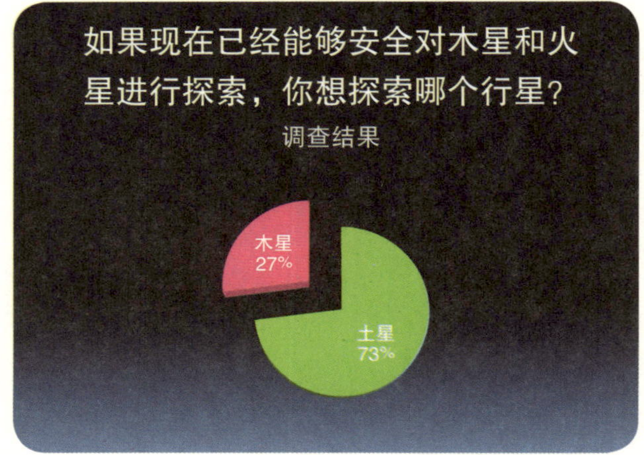

上面的这个圆形图标并没有错，但是，不觉得稍显乏味吗？为了突出视觉上的效果，我们作如下的改变。

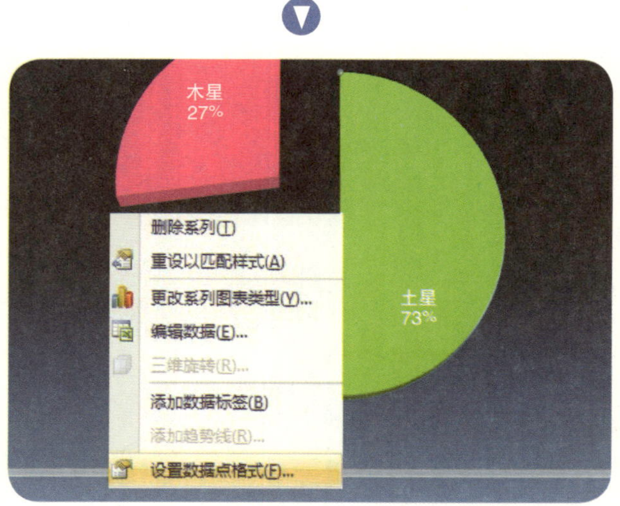

选中饼图中的土星区域，单击右键，选中“设置数据点格式”。

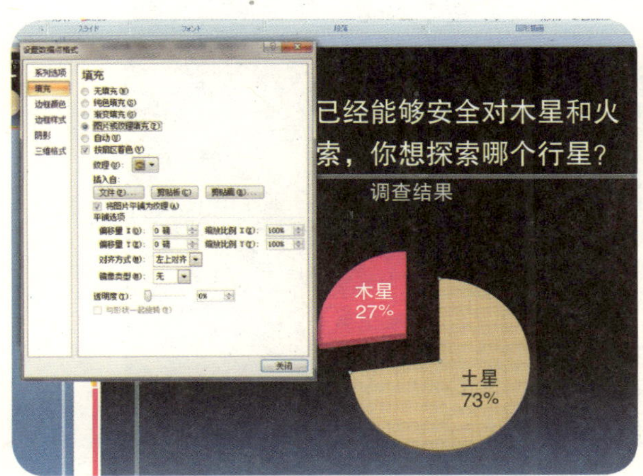

选择“填充”→“图片或纹理填充”，然后在“插入”选择“来自文件”。

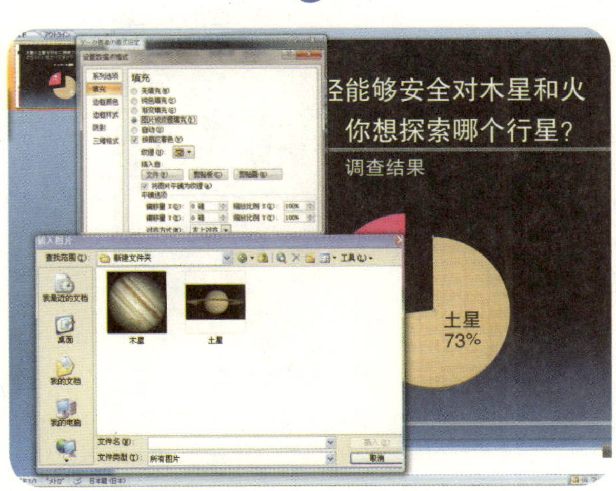

从任意文件夹中选择一张想要贴到饼图中的图片。这里，我们选择土星的照片。

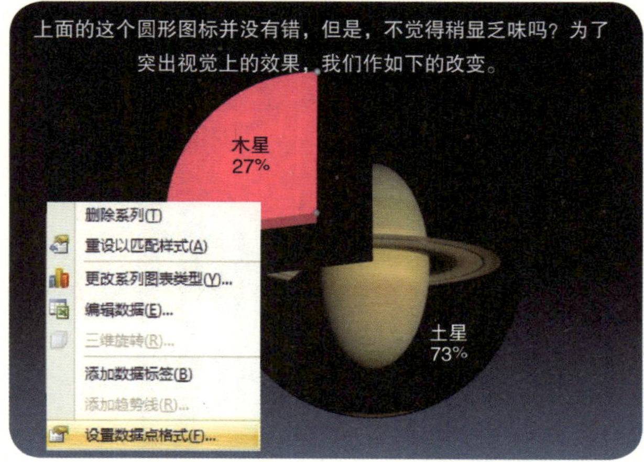

土星的照片贴好了，接下来加工木星的部分。同样选中饼图中的木星区域，单击右键，选中“设置绘图区格式”。

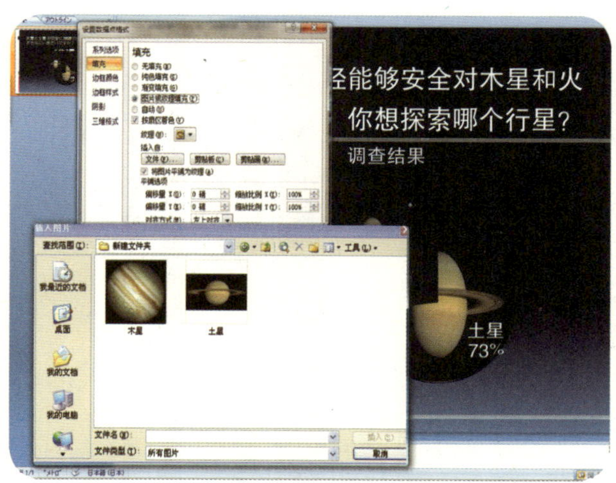

选择“填充”→“图片或纹理填充”，然后在“插入”选择“来自文件”。从任意文件夹中选择一张想要贴到饼图中的图片。这里，我们选择木星的照片。

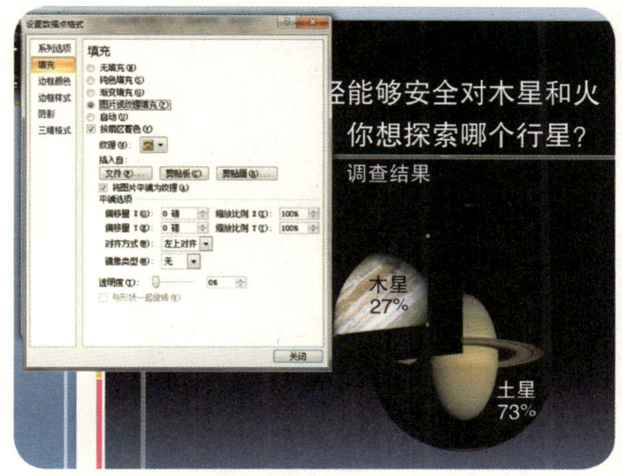

和土星一样，饼图中的木星图片也嵌入好了。

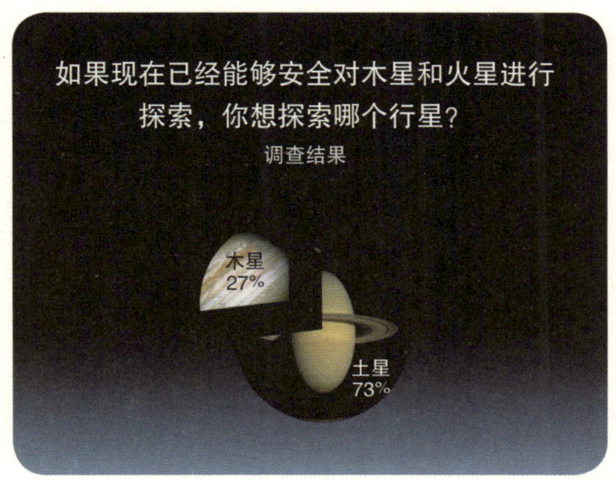

这样一来，饼图和背景都变得很暗，很难辨明。下一步，我们来修正这个问题。

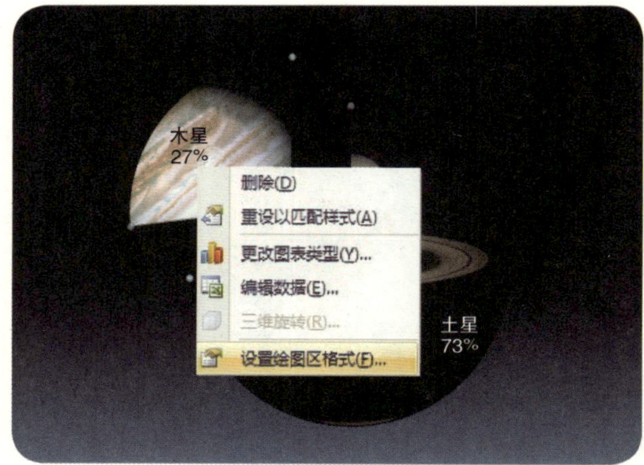

选中整个饼图，然后右键选择“设置绘图区格式”。

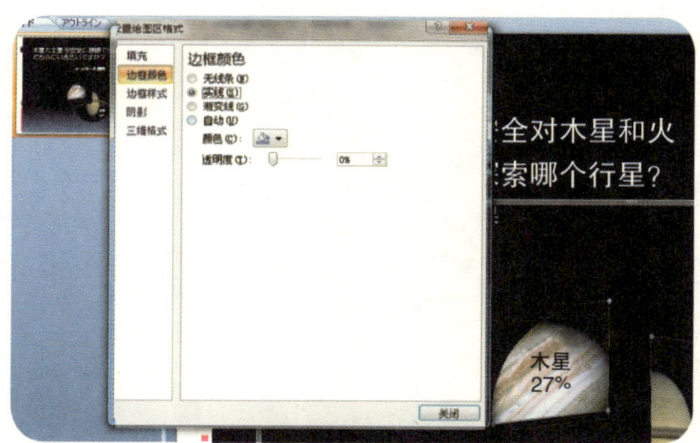

选择“边框颜色”中的“实线”。

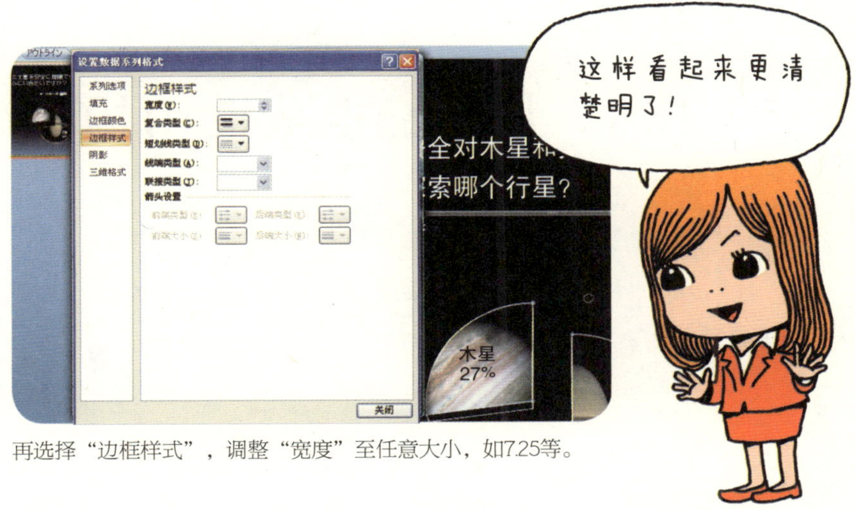

再选择“边框样式”，调整“宽度”至任意大小，如7.25等。

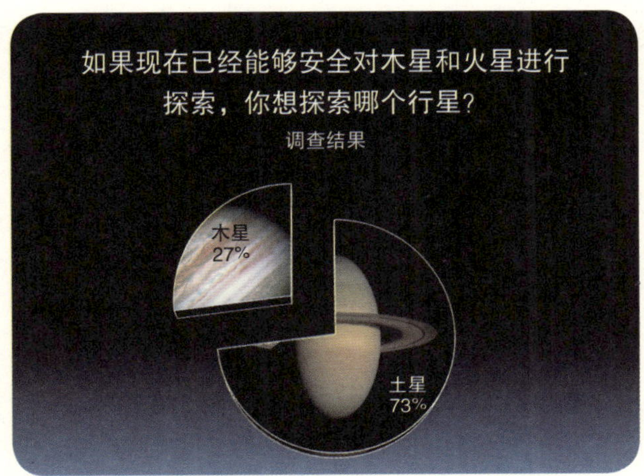

这样就完成了一个很好的饼图。

7-2 粘贴图片，其他类型图表也一目了然

对图表填充图片，让它一目了然，不仅仅适用于饼图，对许多其他种类的图表也具有同样的效果！当然，并不是所有类型的图表都能够粘贴图片。只有具有一定面积的图表才能采用这种方法，如圆柱图、立体面图、气泡图等。

具有一定面积的图表，使用图片粘贴，能够让人更容易看明白。下面我们就以面积图举例。

这个图中表示的是“随着时间的变化，维米尔和马西斯的人气变化”。根据调查结果，对数据（纯属虚构）进行图表化。

在面积图的上下两部分，分别粘贴上图片，这样哪个是维米尔、哪个是马西斯一目了然，省去了特意向听众解释“上面是维米尔的人气变化图，下面是马西斯的”（前提是，听众都知道这两个人的长相）。

下一页中所示的例子，就是在PowerPoint 2007中为面积图插入图片的方法，敬请参考。此外，其他种类图表的粘贴方法都大同小异。采用在图表中插入图片的方法，不但可以让图表变得简单清晰，而且能够使你的整个PPT变得生动有趣。

图2 饼图以外的图表插入图片的方法

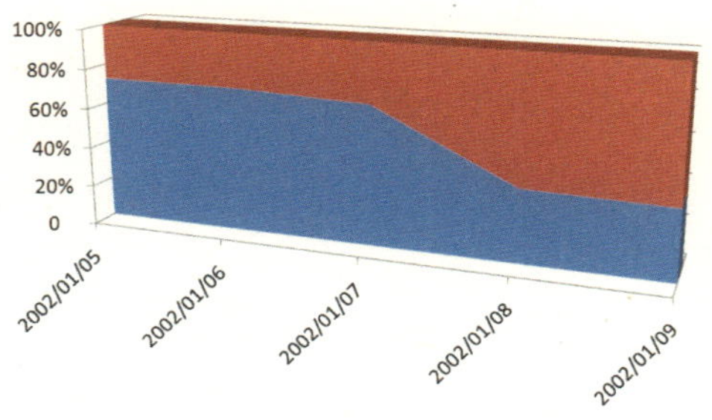

能够插入图片的不只是饼图，面积图等图形中也广泛运用。

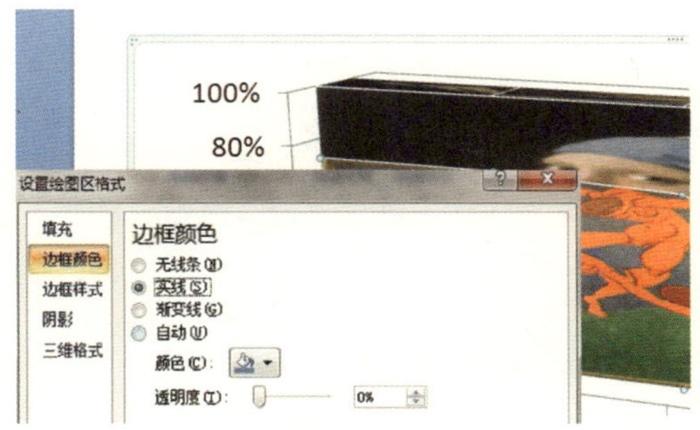

面积图上下的分界线不太清楚，可以设置“边框颜色”让上下分明。

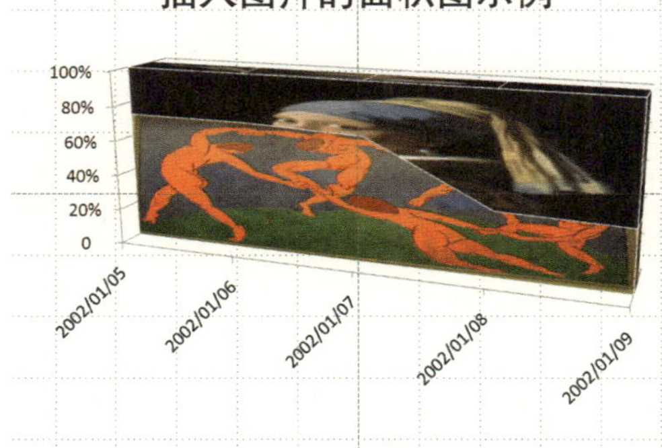

到此就完成了！比起利用Excel制作的图表，这个要简单明了很多！

7-3 灵活运用动画

在用PPT作报告时，经常会使用项目符号来表示内容。如果同时出现数条项目符号文本，听众的视线就会分散到各个分项上去，而不能只关注你正在说明中的项目。一旦你和听众的思想无法统一，又怎么可能说服听众信服你的PPT呢?

因此，在幻灯片中使用项目符号时，务必要让听众清楚地知道你正在解说的是哪一部分。具体的方法，就是在“动画”选项卡中进行设定，让分项顺次出现。

下一页的图片是在PowerPoint 2007中对项目符号文本进行动画顺序设定的方法。当每次单击鼠标时，每条项目都会按照顺序出现。动画的显示效果简单最为重要，因此只要没有特别理由，动画的效果一般都设置为“消散”，速度为“中速”。

这样设定的话，不管何时，正在进行说明的项目一直都位于最下方。“最后所出现的东西”=“对听众来说是最新鲜的东西”，也是听众最感兴趣的部分。这个小窍门，将宣讲者正在宣讲的内容转变成了听众感兴趣的内容。让听众没有闲暇思考其他东西，而专注于你的每一句话。这是抓住听众注意力的极好方法!

图3 顺序动画设定方法

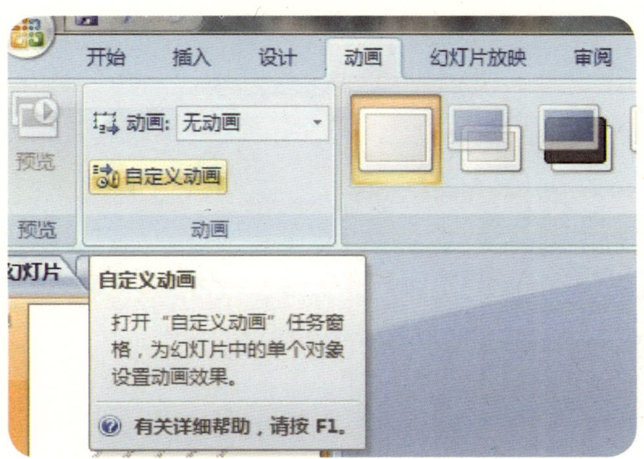

在工具条选择“动画”一项，然后选择“自定义动画”。

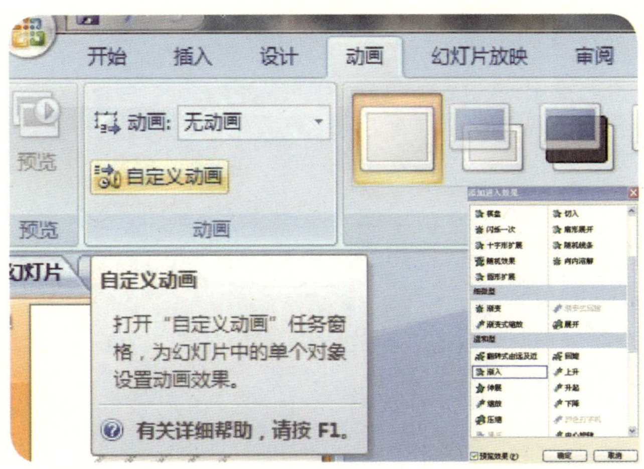

界面右侧出现了一个“添加效果”的按钮，单击“进入”，选择“渐入”。

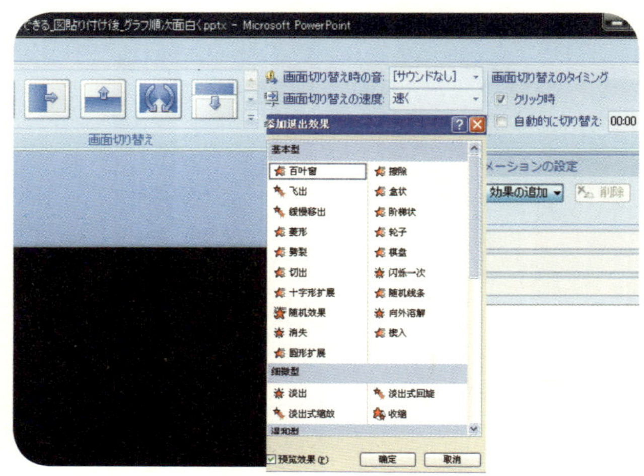

然后可以对幻灯片内的每个部分进行设定。想要它有什么样的动作，都可以选择“添加效果”。完全根据你自己的喜好来改变。

幻灯片的版面设计

■ 文本大小

■ 基本版面

按照上面的步骤设定完后，打开幻灯片，首先会出现的是标题和两条分项，于是听众理所当然地只把目光放在这两个上面。

幻灯片的版面设计

- 文本大小
- 基本版面
- 自然的版面
  - 从其他文化背景了解“自然的配置”

第三条目显示出来了。听众的关注点又转移到了新出现的文字上。

幻灯片的版面设计

- 文本大小
- 基本版面
- 自然的版面
  - 从其他文化背景了解“自然的配置”
- 配色
- 基本准则（幻灯片、素材）
  - 无障碍
  - 分发资料的问题
- 为了让PPT更易懂的版面设计

所有的条目都出现了。宣讲者利用PPT的“动画”选项卡，就能自主掌握听众的注意力了。

7-4 善于运用标记符号

宣讲者之所以在提案中选择项目符号来表示内容，是因为这些内容正是整理过之后想要传达给听众的要点，而且分项可以起到确认、留下印象的作用。接下来，这个技巧能够让多条项目符号文本同时给听众留下更为深刻的印象。

那就是，在一项文字的开头添加复选框“□”，当对此项目的说明结束之后，打上“√”。这样就能让听众一目了然，“原来这个已经说明过了啊！”

如何在项目的开头添加标记符号，如何利用PowerPoint 2007简单地达到这个目的呢？请参看下一页的例子。

步骤很简单，可以在一瞬间给每项的开头都添加上复选框“□”。所以，真正需要费力的步骤就是为复选框加入标记“√”，并让标记产生动画效果。

不要小看这个“√”，它可有着意想不到的效果！为什么？这和人的直观感觉有关。

听众在表示听懂的一瞬间，宣讲者为分项内容标记上已经确认过的符号，这种认同感会自然而然地感染听众。这个技巧与之前所说的让分项内容按顺序出现的效果相同，偶尔两者还会一起使用，打造出一个一听就懂的项目符号PPT！

图4 加入“标记符号”让幻灯片更简便

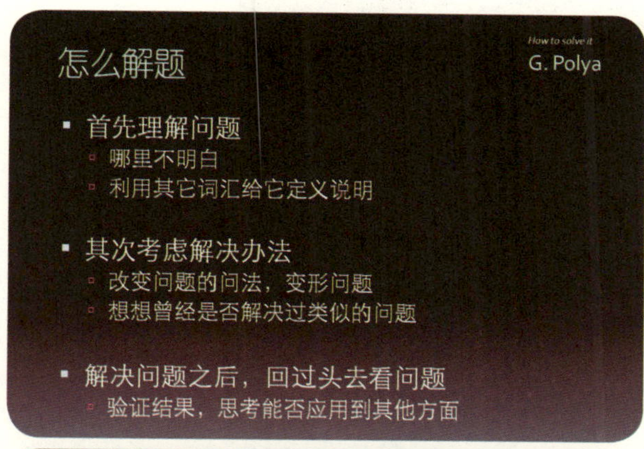

以这张幻灯片作为例子，在每个项目前加上“标记符号”。

怎么解题
How to solve it
G. Polya
首先理解问题
哪里不明白
利用其它词汇给它定义说明
其次考虑解决办法
改变问题的问法，变形问题
想想曾经是否解决过类似的问题
解决问题之后，回过头去看问题
验证结果，思考能否应用到其他方面

选中需要添加“标记符号”的内容。

首先理解问题
哪里不明白
利用其它词汇给它定义说明
其次考虑解决办法
改变问题的问法，变形问题
想想曾经是否解决过类似的问题
解决问题之后，回过头去看问题
验证结果，思考能否应用到其他方面
剪切(T)
复制(C)
粘贴(P)
退出文本编辑(X)
字体(F)...
段落(P)...
项目符号(B)
编号(N)
转换为 SmartArt(M)
超链接(H)...
同义词(Y)
设置文字效果格式(S)...
设置形状格式(O)...
无
项目符号和编号(N)...

点右键，插入自己喜欢的“项目符号”。

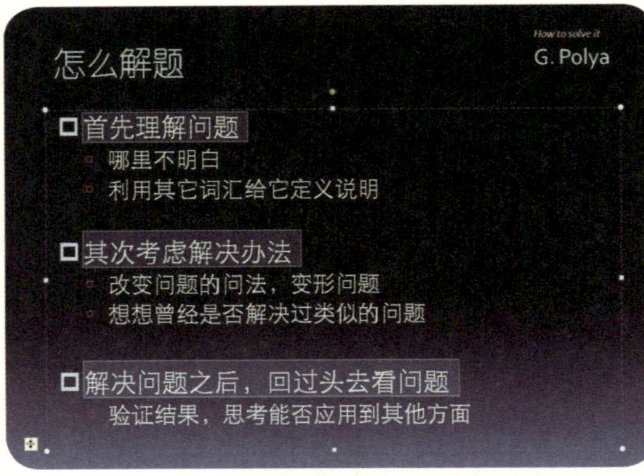

选中的文字开头就出现了刚才选择的复选框。

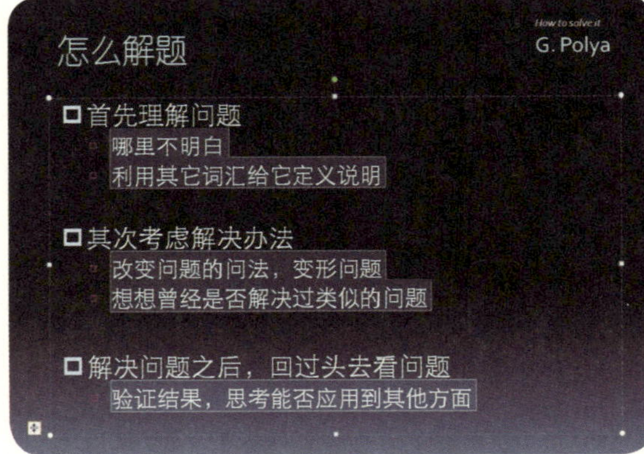

再次重复步骤，选中想要添加“标记符号”的文章。

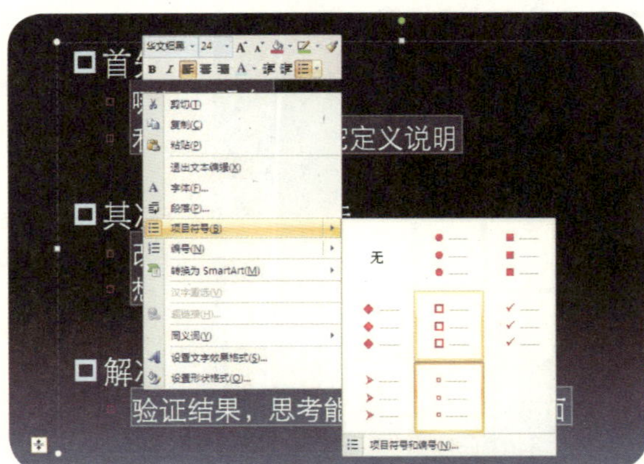

同样，插入自己喜欢的“项目符号”。

首先理解问题
哪里不明白
利用其它词汇给它定义说明
其次考虑解决办法
改变问题的问法，变形问题
想想曾经是否解决过类似的问题
解决问题之后，回过头去看问题
验证结果，思考能否应用到其他方面

选中的文字开头就出现了刚才选择的复选框。

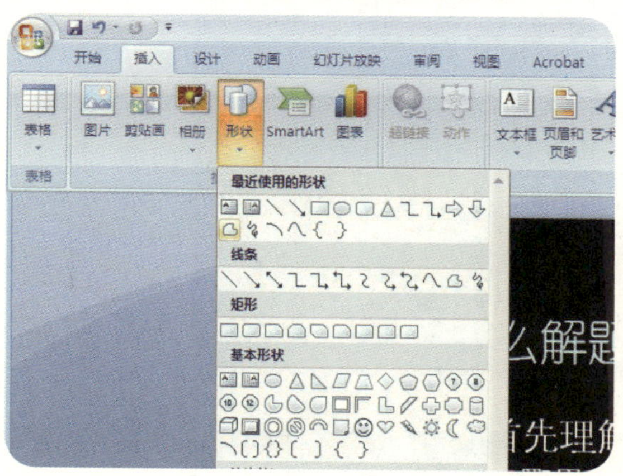

“插入”→“最近使用过的形状”→选择“自由曲线”。

怎么解题
首先理解问
哪里不明白

使用“自由曲线”画出“√”的形状。

选中制作好的复选框，从“格式”选项卡中→“形状填充”，选择自己喜欢的颜色。

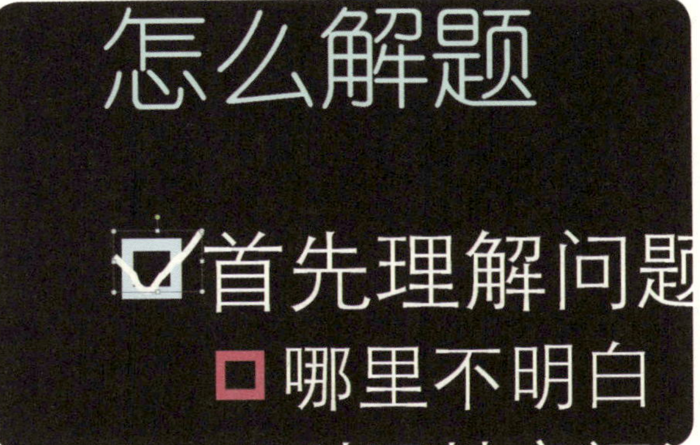

可以调整“√”的大小。为了让听众看起来更清晰，选择粗一点的比较好。

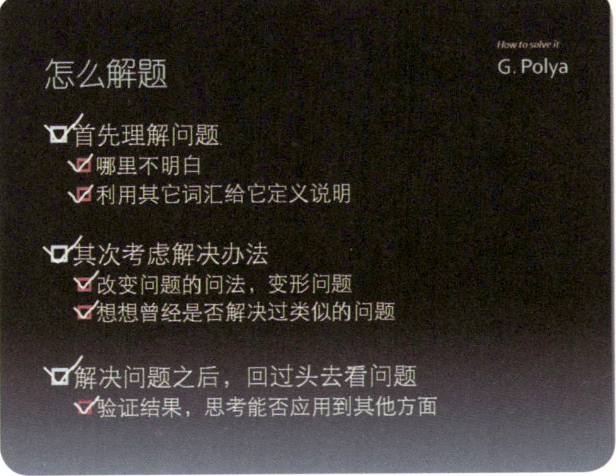

将所有的复选框都按以上步骤加入“标记符号”。

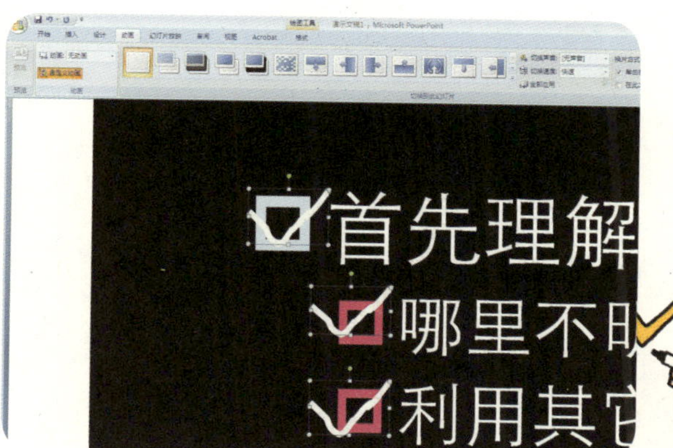

接下来选中所有的“复选框”，再选择选项卡的“动画”一项，单击“自定义动画”。

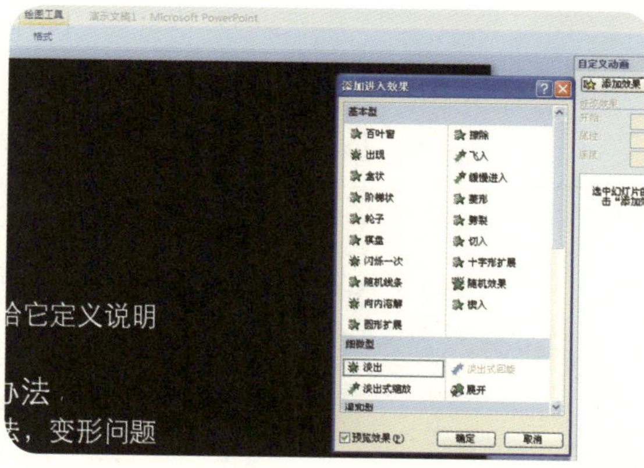

单击右侧的“添加效果”，选择“进入”，再选择“淡出”。

接下来，对每项复选框都进行如此设置。最好再设置一下速度。

7-5 利用图片吸引听众的兴趣

前面我们说过，在幻灯片中让项目符号顺序出现，可以让宣讲者自己瞬间知道接下来的宣讲内容，而且能够集中听众的注意力，不让听众的思维跳跃到别的内容上去。

这个技巧同样适用于图表等非文字部分。

例如，下一页中的图片是在PowerPoint 2007中对饼图顺序出现进行设定的步骤和方法。在幻灯片中粘贴上饼图，首先让饼图的各要素隐藏起来，将文字颜色填充成与背景色同一颜色。其次，让这些填充的颜色按顺序“淡入或淡出”。

结果，每单击一次鼠标，饼图的各个要素就都按顺序出现了！

如此，你对“想去木星的人数”解说的时候，表示这一部分人数的饼图就自然而然地出现了。这样一来，就不会发生宣讲者明明想要强调的是“想去木星”的人气度，听众的注意力却一直停留在土星的照片上的状况。

好处还不只这些。听众先看了“想去木星的人数”情况，那么，又有多少人想去土星呢？这样就会引起听众的好奇心，吸引听众迫不及待地听下去。

总之，把握住方向，让你正在宣讲的内容＝听众想要听到的内容。这样的PPT才能发挥最大效果！

图5 图表按顺序出现的技巧

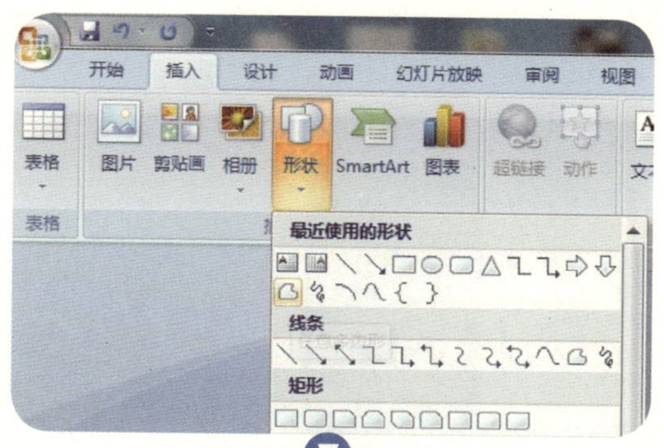

选择“插入”中的形状，在“最近使用的形状”中选择“自由曲线”。

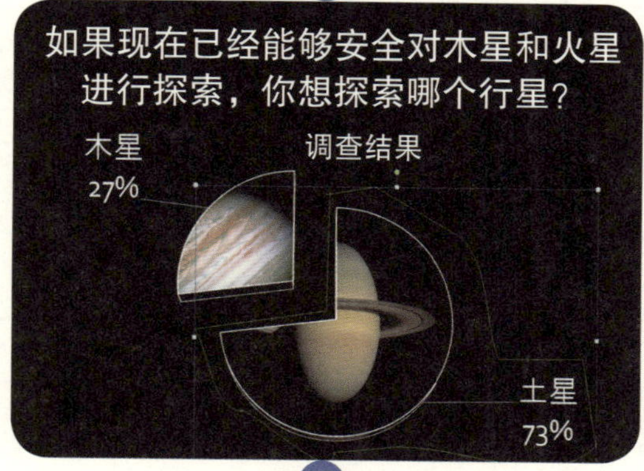

使用“自由曲线”，一点点圈住土星的区域范围。

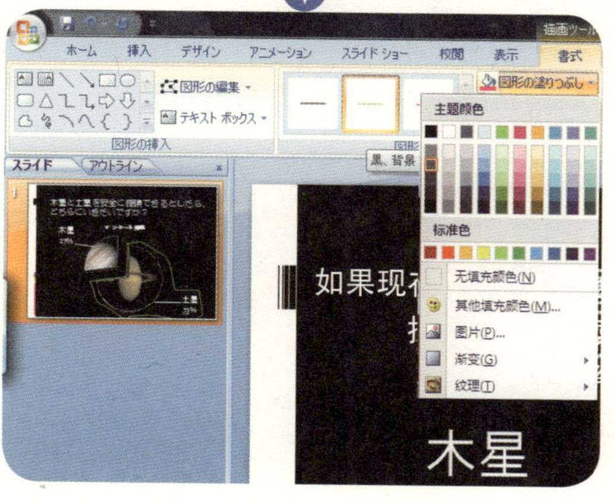

选择“格式”→“形状填充”，选择“黑色”填充整个土星区域。

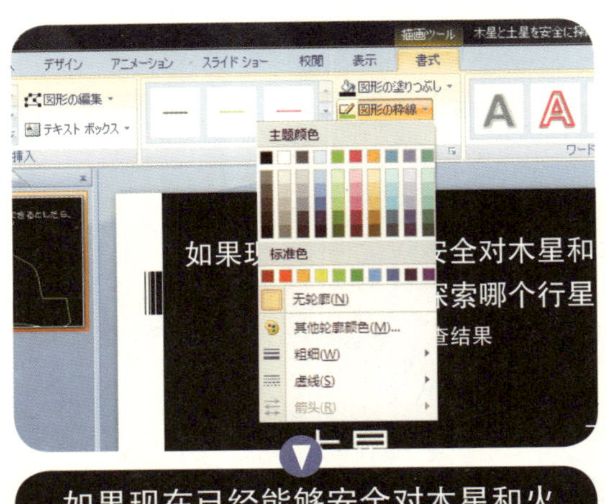

因为还看得见线的形状，接下来继续选择“形状轮廓”，选中“无轮廓”。

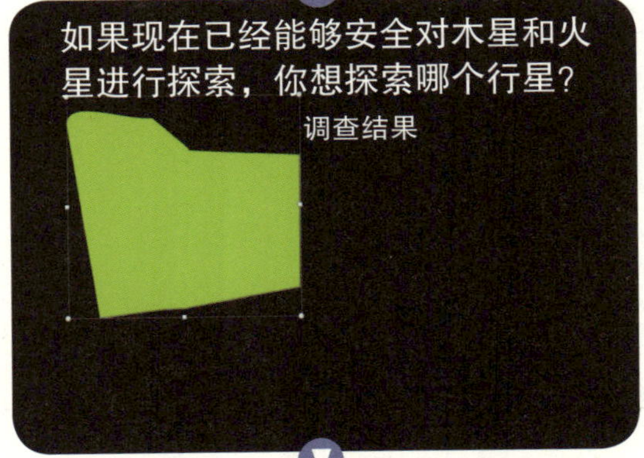

土星区域重复步骤，使用“任意多边形”圈住“调查结果”。

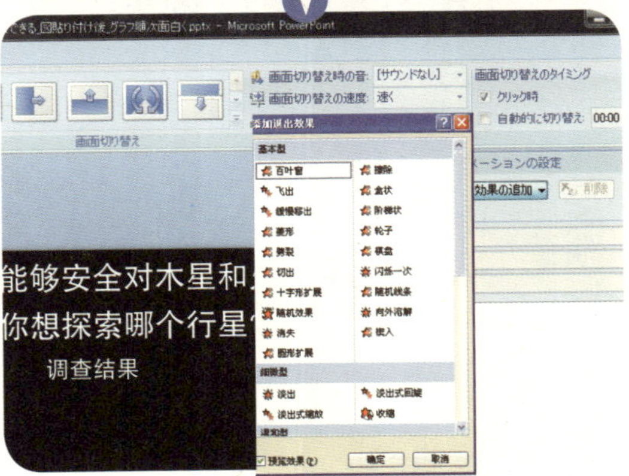

“自定义动画”→“添加效果”→“退出”→“淡出”。

选择土星、木星的出现顺序。此次最先出现的是木星。

在木星出现之后，土星再出现，同时木星淡淡消退。

7-6 利用图片让PPT变得更有趣

这一小节中我演示的是让图表顺序出现的方法。因此，所采用的示例材料和前面一样，而且制作步骤更加简单！不管制作何种资料，只要是以图表来表示，就可以按照如下顺序，让听众产生“玩游戏”的新鲜感：

① 先给听众看隐藏了说明文字和字幕的图表。
② 接着向听众提问：“大家认为人气更高的是哪一个？土星还是木星？”
③ 指定某位听众回答。
④ 答案是否正确？接下来揭晓正确答案。

按照以上四个步骤来进行宣讲，不但能够让听众感觉像是在欢乐地做游戏，而且听众不知道什么时候就会被提问，也能够集中精神。所以这个方法一举两得。

还有另外一种类似方法，利用逆反呼吁的手法以达到相同的目的。

① 按照之前的方法对饼图进行说明。
② 隐藏各个项目的说明文字和字幕。
③ 向听众提问：“那么，大家还记得右边这个人气较高的行星是哪一个吗？”
④ 指定某位听众回答。
⑤ 验证答案是否正确，再一次给听众看一下正确答案。

这种向听众再度确认一遍说明内容的方法也很有效。以上这两种方法都能达到和听众融洽的效果，提高注意力。

图6 加入“猜谜游戏”，吸引听众兴趣

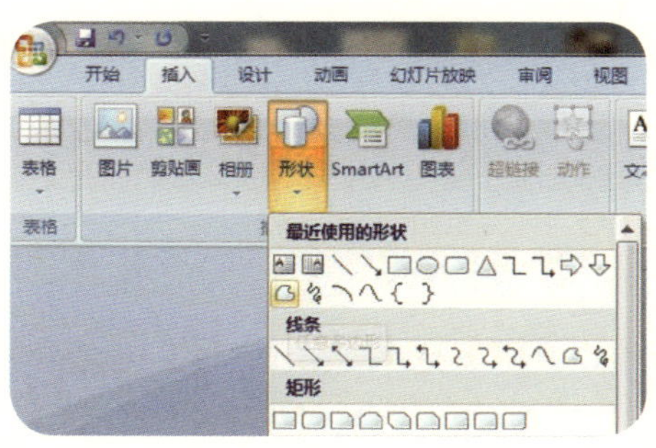

“插入”选项中的“形状”→“最近使用的形状”中的“矩形”。

在任意地方放置矩形，右键选择“编辑文字”添加说明。

插入文本框对听众的提问。接下来选择“动画”→“自定义动画”。

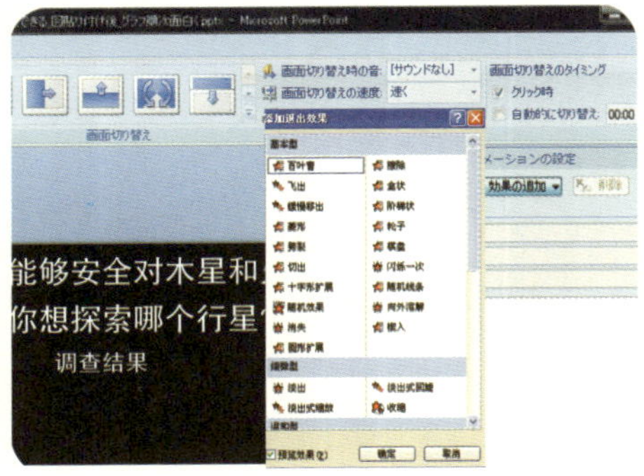

“添加效果”→“退出”→“淡出”。

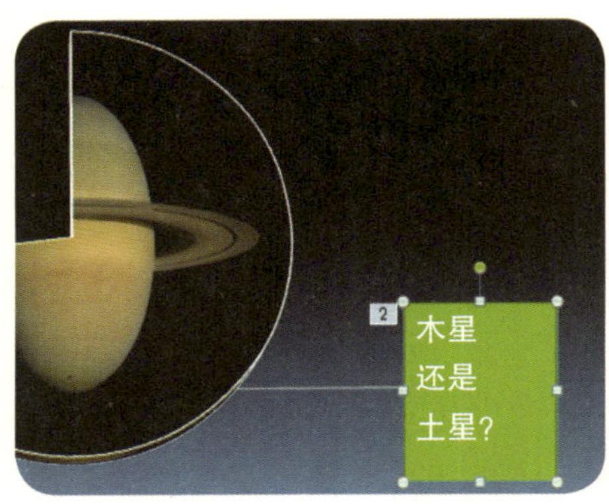

复制，然后粘贴矩形框，在土星的附近也添加上。

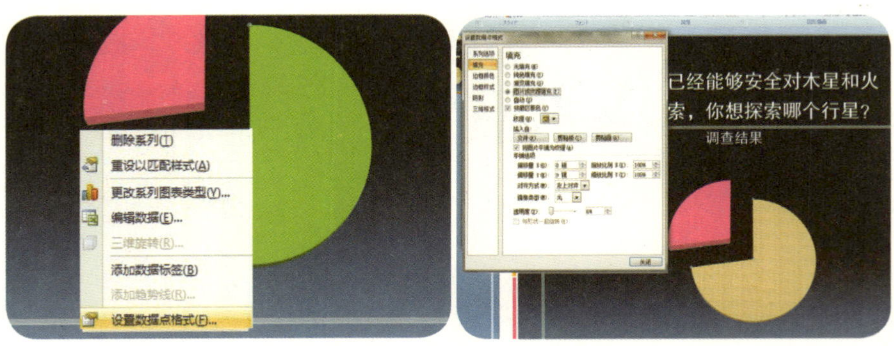

饼图上还留有照片，但这次不需要显示出照片。按顺序选择木星、土星区域，右键选择“设置数据点格式”→“填充”，遮蔽照片。

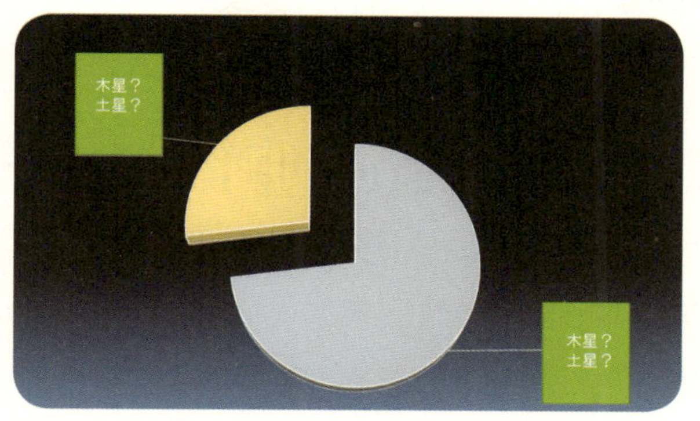

幻灯片刚开始播放的时候，听众不知道饼图哪边是土星，哪边是木星。这就给听众留下了疑问。

单击第一下，出现“木星27%”。

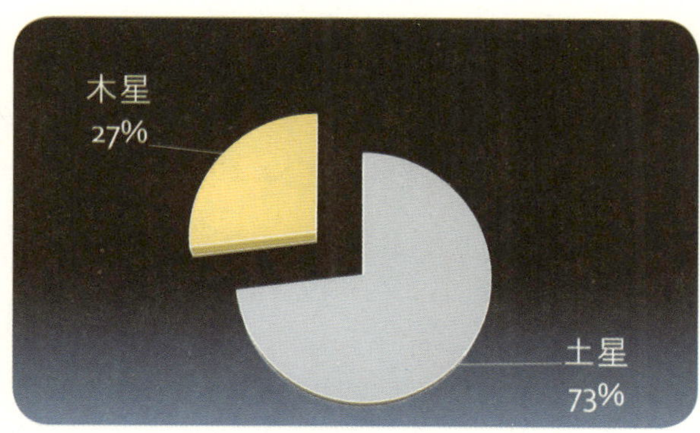

继续单击，约占七成的饼图出现了“土星73%”。

7－7 一目了然！在PPT内播放动画

近年来，越来越流行用数码相机或手机进行简单拍摄。可以看出，动画有着难以想象的巨大魅力。动画能够形象生动地将实验的过程、机械的动作、模拟仿真以及软件的运用，以最直观的方式传达给听众。

下面我们解说一下在PPT中使用动画的技巧。运用熟练的高手，能够给听众留下天差地别的印象。

在PPT的幻灯片中插入动画，最基本的就是“将文件夹中的视频插入幻灯片中”。按照下一页图中所示的顺序，就能简单地将动画插入幻灯片中。插入PPT中动画的格式，同样请参照下一页的表格。

在PPT中使用动画，有几点需要注意。在正式PPT宣讲时，要注意确认现场状况。例如现场使用自己的笔记本电脑进行PPT宣讲，要将笔记本电脑和投影机连接上，确认外部屏幕能够播放出幻灯片和动画。根据电脑和软件的设定不同，经常会出现笔记本电脑能够播放动画，但是外部的显示器无法显示的状况。

假设你不使用自己的笔记本电脑，也不是说就什么都不用担心，要确认一下是否安装了播放动画的软件。要是事前没有做好这些确认工作，到临场时才发现可就糟糕了。为了以防万一，最好事先制订无法使用动画时的备用对策。

图7 加入“猜谜游戏”，吸引听众兴趣

比起啰里啰嗦的说明，动画能给人清晰深刻的印象。

动画

选择需要插入的动画

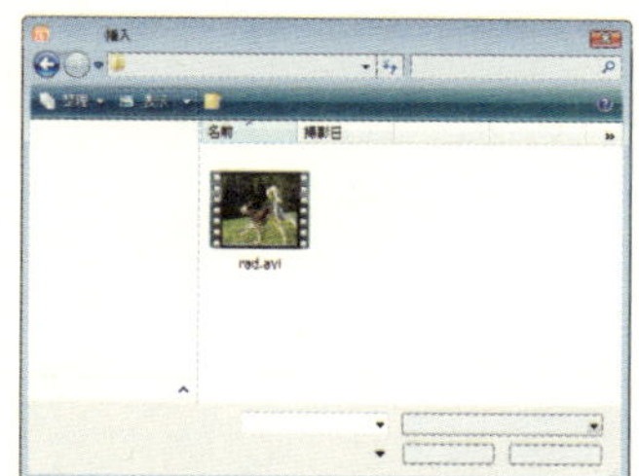

在工具栏“选项”中，可以调整动画播放的位置等。

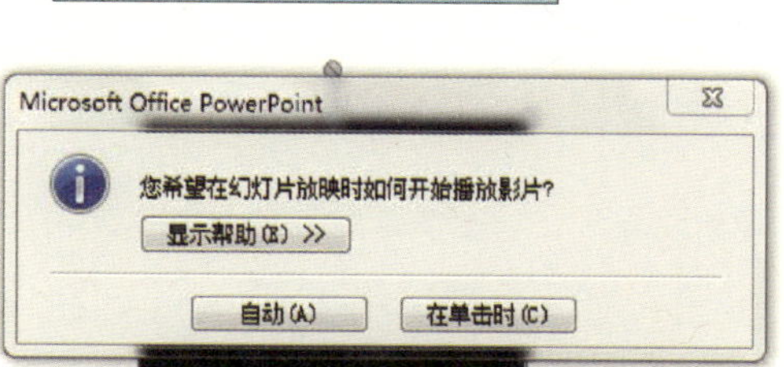

最后选择动画的播放时间。选择“自动”则会根据PPT的播出而自动播放；选择“在单击时”则根据宣讲者的需要播放。

在PowerPoint 2007中插入的动画文件格式为

动画文件	扩展名
Windows Media文件	.asf
Windows Video文件	.avi
Video文件	.mpg/.mepg
Windows Media Video文件	.wmv

7－8 利用PPT来编辑、表示数学公式

如果你的PPT内容与技术类相关，那么肯定会用到数学公式。数学公式中有很多特殊符号，看起来是不是很复杂?

不用担心，使用PowerPoint自带的“Microsoft 公式编辑器”，就可以简单地制作、编辑、插入数学公式。

在想要插入数学公式的幻灯片页面中，从菜单栏“插入”→“对象”→“Microsoft 公式3.0”，启动“Microsoft 公式编辑器”窗口。

下一页一系列的图，正是教你如何在幻灯片中编辑、表示数学公式。举例的方程式是经常用于电磁计算和流体计算中的一种偏微分方程式——拉普拉斯方程式 。

分数、上下文字、微积分符号、希腊文字等，全都能够从“公式编辑器”的符号菜单栏中选择、插入；而且在公式编辑器中也能够使用附加说明的箭头记号，所以假如需要对公式变形过程进行说明等，在“Microsoft 公式编辑器”中完全可以轻松办到。

刚开始使用这个的新手肯定会觉得有点困难，慢慢熟练吧。勤练习，很快你就能轻松地做出自己想要的数学公式了！

使用这项功能的时候，有一点需要特别注意。利用“Microsoft 公式编辑器”做出的数学公式，颜色自动为黑色。如果你的幻灯片背景也是深颜色，那么就要注意不要使用了。

图8 数学公式中特殊符号的使用

从菜单栏“插入”中选择“对象”。

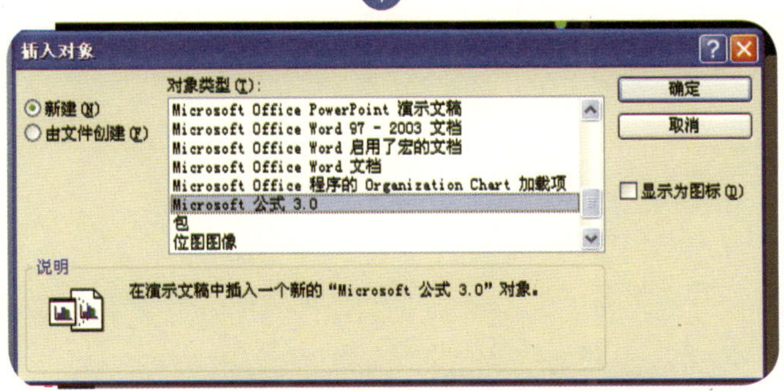

从“对象”中选择“Microsoft公式3.0”。

“Microsoft 公式编辑器”启动。现成的分式和根式模板、求和模板、积分模板、矩阵模板等都可以简单轻松地使用。

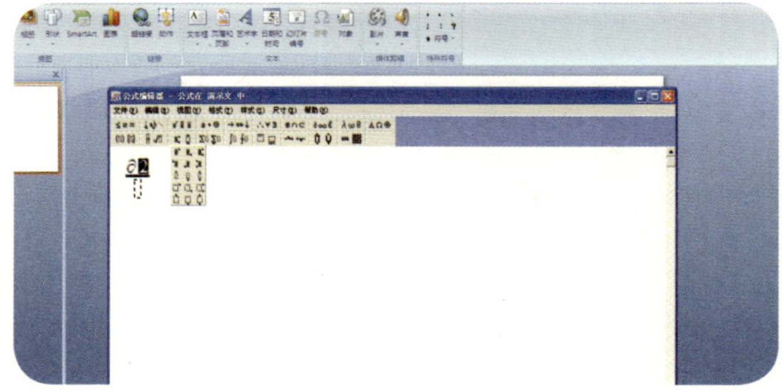

将2变成缩小并位于字幕右上角。

拉普拉斯方程式完成了。看起来很复杂的方程式，做起来非常容易！

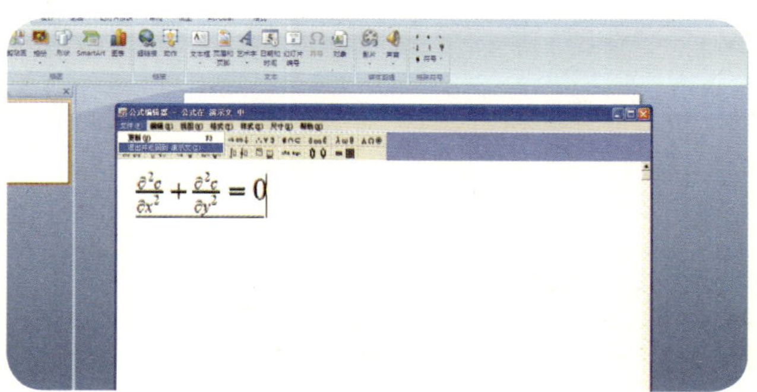

在制作完想要插入幻灯片的方程式后，选择“退出并返回到PPT”。

在PowerPoint中使用数学公式

◆ 何为拉普拉斯方程式?

幻灯片中插入了刚才利用编辑器做好的数学公式。

在PowerPoint中使用数学公式

◆ 何为拉普拉斯方程式?

$$\frac{\partial^2 c}{\partial x^2}+\frac{\partial^2 c}{\partial y^2}=0$$

刚刚插入的方程式很小，将其拖拽到理想的位置，然后调整到合适大小。但是，文字是黑色的，所以注意不要和同样是黑色的背景重复。

7—9 让听众亲身体验，永不忘记

在此之前的所有章节中，我们已经说了无数遍，图形图像（照片、图片、图形、动画等）非常容易理解。俗话说得好，“百闻不如一见”，你说一百遍都不如让听众看一遍。看的那一瞬间，听众就能够充分理解你所想要表达的意思。但是，光让听众看还不够！

Tell me and I'll forget.

听别人的容易忘记。

Show me and I may remember.

看别人展示有可能想起。

Involve me and I'll understand.

实践才能记忆犹新！

据说以上名言来自中国古谚语：不闻不若闻之，闻之不若见之；见之不若知之，知之不若行之；学至于行而止矣（《荀子·儒效篇》）。后来由于科学家、政治家本杰明·富兰克林（Benjamin Franklin，币值100美元上的头像人物）在一次宣讲中陈述而广为流传。

图9 数学公式中特殊符号的使用

如果要让听众了解《太空入侵者》是一款什么游戏，比起语言说明，让听众亲自玩一玩才是上策！

假设《太空入侵者》（*Space In Vader*）没有进行说明……

20世纪70年代末至80年代初，曾经有一款名为《太空入侵者》（*Space In Vader*）的街机游戏。如何对不了解的听众解释这是一款什么游戏呢？单纯用语言来解释恐怕10分困难。

“画面上部会出现很多外星人，它们排列整齐，像螃蟹一样前进。然后你要用兵器将其击毁……”如果这么解释，有些听众可能明白，有些听众可能完全不懂。

如果让听众亲自看看《太空入侵者》的动作画面，肯定会比只靠语言解释要容易理解得多，恐怕这也不能说是百分之百的完全理解。

如果我们让听众实际玩一玩这个游戏，又会怎样？一边看着画面，一边手握操纵杆，不停地摁导弹按钮，这样亲身体验一把，肯定能够百分之百地记住内容了。

亲身经验一般都难以忘记

随着体验者对游戏的感觉和经验，《太空入侵者》的游戏内容会深深地刻在他们心中。就像本杰明·富兰克林说过的名言一样，在进行PPT宣讲的时候，如果能让听众亲自体验一把，加深对方的理解，想要忘掉会很难。

例如，你的PPT内容有关于搭配大液晶显示屏的单反相机，与其口头和听众说“我这个相机的液晶屏很大”，不如将实物送到听众手里，让他们亲自体验一把。又或者你的产品是新开发的软件，那么将软件给听众自己实际操作一次，让听众感受到它的便利性，比口头说多少遍都更加有效。

让听众亲自实践你的PPT内容，不但难以忘记，而且能让听众获得更多的乐趣，对你的PPT充满兴趣！

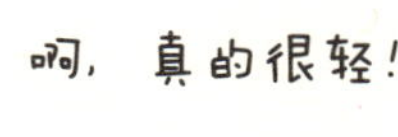
啊，真的很轻！

因为我们这款相机采用了新型材料！！

我们在这项功能的开发上花费了大量时间和金钱。
哦，怪不得用起来这么顺畅……

★

在图表中添加一些图片，能够让人更易懂。

★

分项内容按顺序出现，能够集中听众的注意力。

★

在分项内容的开头插入“标记符号”，让听众对内容记忆深刻。

★

和分项内容一样，图表也按顺序出现，能够更加集中听众的注意力。

★

宣讲者在对图表说明时，采用先隐藏一部分内容，最后再隐藏一部分内容，对听众提问等方式，能够让听众有参与感，更有乐趣。

★

在PPT中加入动画，能够更吸引听众。

★

尽可能地让听众亲身体验。

第8章

PPT做得漂亮，更要说得漂亮

Skill for logical presentation

8

8-1

陈述的基本——看着对方自信地宣讲

PPT宣讲的目的就是要“让听众赞同你的思想”，因此并不是单纯的内容精彩就代表你的PPT成功了。即使你的内容很精彩，如果其他方面没有抓住听众的心，照样得不到听众的认同！那么，听众看重的到底是哪一方面的要素呢？前面我们已经说过了，按顺序来说，分别是以下三点：

①宣讲者的印象（身体语言）。
②宣讲者的声音（声音的音调）。
③宣讲者的PPT内容（语言）。

其实，在整个宣讲过程中，你的PPT内容的精彩程度只占很小的一部分。“能否自信地进行发言？”“是否真诚地向对方陈述？”等，比你想象中的影响力要大得多！为什么这么说？因为，没有自信的发言内容，就没有人会相信。

因此，要想将你的想法传达给听众，并得到对方认同，你的发言必须具备极大的自信心，勇敢地面对观众！具体要怎么做？请注意以下两点：

对策① 不要让听众看到你的犹豫。将想要表达的内容自信、有力地说出来。

图1-1 听众的着重点

对策1 不要让听众看到你的犹豫

对策② 宣讲过程中要面向听众，并有目光交流。尽量要和宣讲的对象有目光交流，不要总看PPT屏幕。

只要牢牢遵守这两点，那你的PPT就成功了一半。仔细思考宣讲内容，认真地制作PPT资料，在此基础上加上极大的自信，一切就会马到成功。在将宣讲内容总结成可用资料的过程中，能够很好地把握自身想要表达的内容，就能大大减少宣讲时的紧张感和负担感。

推荐使用支持双画面显示的笔记本电脑

假如你发表PPT是以屏幕为中心，在发言中，宣讲者就会不可避免地背对听众、面向投影，而且在宣讲过程中，PPT新手经常会出现中途忘词的情况，变得更加紧张不安。

使用“笔记本电脑”和“液晶投影仪”，就可以很好地避免这一状况！最近生产的笔记本电脑大部分都具备“电脑液晶画面”和“外部屏幕画面”同时显示的“双画面”功能。

使用这种电脑，再加上PowerPoint 2002以上的版本，进行PPT宣讲的时候就可以利用“使用演示者视图”这一项超级便利的功能。

那么，“演示者视图”有什么方便之处呢？

对策2 宣讲中要和听众保持视线交流

图1-2 听众的着重点

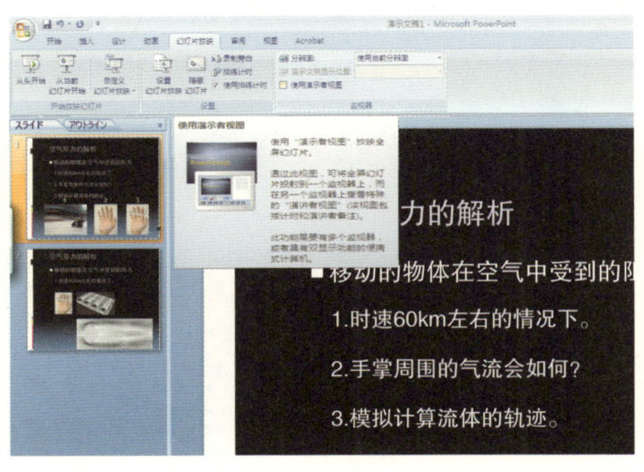

“幻灯片放映”→勾选“使用演示者视图”。

暗中帮助宣讲的“演示者视图”

“演示者视图”有很多很多的功能，可以对面向听众的PPT添加预告前后PPT的内容，还可以对宣讲者自己显示宣讲内容以及经过的时间等。这些功能都可以显示在一台电脑上，由宣讲者一手掌控。

只要在电脑上显示出宣讲原稿，即使你偶尔忘了要说的台词、关键词，即使你大脑一片空白，也都不用担心。这样，很大程度上能帮助你消除不安和紧张情绪，也能让你的宣讲内容更为顺畅连贯。

而且，即使英语宣讲不太熟练，也可以通过这个功能将宣讲稿呈于眼前，更加自信地进行宣讲。

顺便一提，在比PowerPoint 2002更古老的版本如2000版中，虽然没有专门的“演示者视图”工具板块，但是，在双画面显示内容时，也可以设置对谁显示什么内容，完全可以代替“演示者视图”的使用。

假如现场出现了最坏的情况——不能使用PowerPoint！不能使用“演示者视图”，就不可避免地要背对听众了吗？不，把你的宣讲资料同时显示在自己的电脑和投影仪上吧。这样，依然能够不用背对听众而继续宣讲下去。

总之，不管在何种场合下，都必须面对听众，和听众保持视线平行！

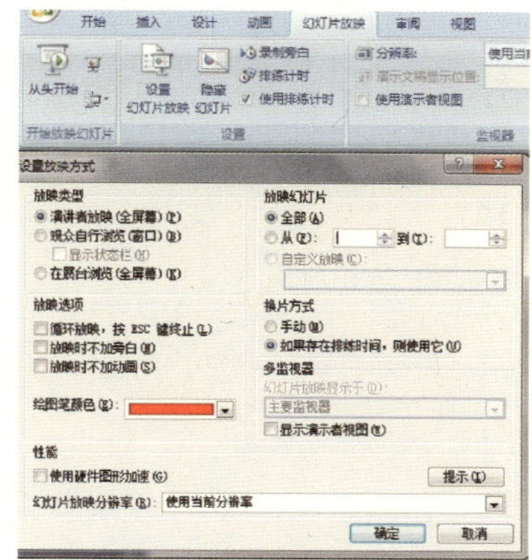

菜单栏“幻灯片放映”的“设置”栏，有一个“设置幻灯片放映”，可以指定显示的幻灯片、更改发表时所使用绘图笔的颜色，等等。

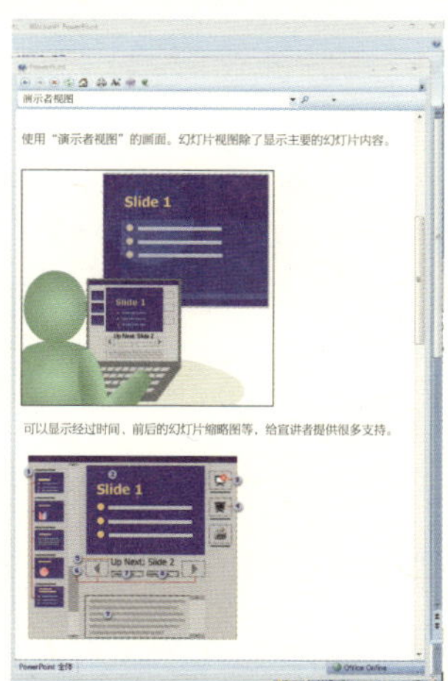

使用“演示者视图”的画面。幻灯片视图除了显示主要的幻灯片内容之外，可以显示经过时间、前后的幻灯片缩略图等，给宣讲者提供了很多支持。

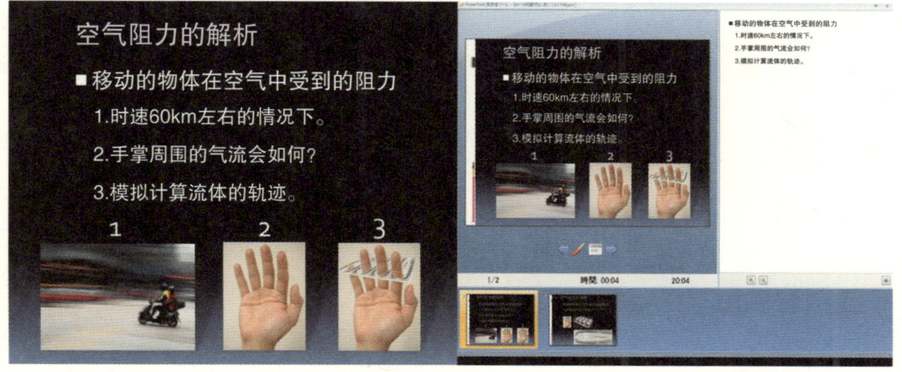

左边是面向听众的主体幻灯片，右边是演示者视图。

8-2 发表PPT之前的陈述

除了学习会宣讲等一些特殊场合之外，在其他相对比较自由的场合下，你需要在开场之前说一些开场白，这就是俗称的“暖场”。

举个例子，“那么，在开始之前，请允许我稍稍说几句。如果宣讲中途有听不懂的词汇或不明白的地方，请立即向我提问”。像这样的信息，最好在一开始就传达给听众比较好；也可以在正式宣讲之前，询问听众的兴趣爱好、各种背景关系等，然后开始宣讲。感受会场，也就是听众当时的气氛，通过交谈、提问，拉近与听众之间的距离，可以使之后的整个宣讲更加轻松快乐，更具有吸引力。这是很重要的一点！

为了使听众能够跟着你的思路一直到结束，在宣讲途中一旦发现听众有疑问，就要立即进行相应的详细解说。如果置之不理，会让大家跟不上你的思路。也就是说，接下来你所说的内容，听众都有可能不再听得懂。

所以，必须事先告诉听众，一旦出现不明白的内容或术语时，要立即举手，大声提问。当你很仔细地解答了听众的疑问后，听众就会对你产生更多的信赖感。

图2-1 宣讲之前的话非常重要！

在与PPT内容无关的发言中，缓和、调动现场气氛。

图2-2 诚实对应听众的提问

诚实回答问题，容易得到听众的信赖。

8-3

现场回答问题与总结陈述回答问题的区别

上一小节说到“如果宣讲中途有不明白的地方，请马上示意提问”，在这种情况下不得不回答的问题和最后总结回答质疑的问题，是两个不同的概念。

“必须立即回答的问题”是指那些对你宣讲中出现的词语用句不理解的提问，或者是看不明白你的投影图像之类的问题。这些都是很单纯的问题，完全可以马上用简单的语句解释清楚，所以这样的问题应该马上解释。

但是，还有和上面不同的另外一种情况，就应该到最后一起总结回答比较好。比如说，“我不同意你的见解”之类的疑问，也就是与你的意见相反的提问。

像这样的问题，不能简短地给予回答。如果针对这样的问题马上给予解答，宣讲时间会明显不足，并且破坏整个宣讲的连贯性。所以，对于这种针对宣讲内容和中心思想的提问，一定要留到最后一起总结，让提问人再次进行提问并仔细地给予解答。与当时立即回答相比，提问方也会觉得你是在认真地考虑这个问题，而不是草率对待。这样会让听众增加对你的信赖度，也会使整个宣讲在听众心里留下一个很高的印象分。

图3-1 必须立即回答的问题

在这种情况下必须立即作出回答。

图3-2 最后的提问应该慎重考虑后再回答

像这类无法立即说出正确答案的问题，最好多考虑考虑，放在最后来回答。

8－4

PPT宣讲一结束，将听众视线拉回到自己身上

不知道看哪里好，可以看的地方太多，你想让听众注意的地方和听众实际注意的地方不一样，这可不是一个好现象！此种现象的出现，表明便于宣讲而使用的PPT反而成为宣讲者的障碍。

例如，你使用PPT说明结束之后面向听众开始继续宣讲，听众的目光却继续盯着PPT，这会让气氛很尴尬。虽然你是在对PPT进行解说，但听众的目光完全落在PPT上，这样总感觉与听众缺少一种交流。

也就是说，宣讲者结束说明之后，PPT已经成为与宣讲完全没有关系的多余物了。不用担心，要从这个多余物手中夺回听众的注意力，有办法！可以在使用PPT的“幻灯片放映”进行放映时，按下“B”键。

在PowerPoint播放幻灯片时按下“B”键之后，画面会全部变黑。宣讲会场一般都是比较昏暗的房间，一旦幻灯片暗下来之后，听众只能看着你，就可以起到集中听众视线的作用。在PPT说明结束后或者需要说一些和PPT无关的话题时，就果断按下“B”键吧！这样可以使听众的注意力完全集中到自己身上。

图4-1 说明结束，同时结束幻灯片

说明结束后，PPT仍然处于播放中，尽管宣讲者已经改变了话题，但是大部分听众仍然会继续注意PPT。

图4-2 按下笔记本电脑的“B”键

按下笔记本电脑的“B”键，PPT就会消失，听众自然就会将目光转向宣讲者。

8－5

将手置于胸前的手势，可有效地集中听众的视线

我们前面已经说过，在发表PPT的过程中，宣讲者和听众的视线交会非常关键。眼神和眼神交流的一瞬间，能够让你和听众在一瞬间产生一体感，你的发言就能传达到听众的心里。但是，很多人都有过这样一种悲剧经验：你在看着听众，听众却不看向你……就算听众的目光面向你，也可能视线比你低一些，还是无法达到目光交会的目的。

不用着急，有一个技巧能够强制地将听众的视线抬高到与你对视的水平。简单来说就是——“宣讲者的双手是听众的地平线”。

人的视线很容易被“挥舞的手掌”吸引过去，而且，视线很难注意到手掌以下的部分。

就是说，只要你将双手置于胸前或肩头的高度并做出某些动作，听众的目光就不会落到双肩以下。听众的视线会随着你的动作走，这样只能看到你的脸，自然而然地就能产生眼神的交流！

所以，你在进行宣讲的时候，不管双手是做出某些动作还是不做任何动作，都要将双手保持在双肩的高度！抓住听众的视线，就变得轻而易举！

图5-1 利用双手让听众注意自己

第8章 小结

★

充满自信地进行PPT宣讲，灵活使用PPT和笔记本电脑。

★

向听众表示，一旦产生疑问请毫无顾忌地提问。

★

PPT上不要放多余的东西扰乱听众的视线。

★

说明结束后，要立即关掉PPT。

★

双手在胸前活动，以达到和听众视线交会的目的。

后记

Postscript

何谓“Presentation”（提案）？

“Presentation”这个词是在拉丁语的“present”的后面加上“ation”之后形成的抽象名词。

拉丁语的“present”是由“pre（之前）”+“sun”（表示存在的“to be”的过去分词“esse”）组成的，因此present的意思就是“存在于眼前”。然后，将存在于眼前东西展示给对方看，引申出“现在存在”或者“赠与、给予”的意思，也就有了现在的“present”一词。

所以，向你面前的人呈现某种事物，然后让对方从心里接受就是所谓的“present”。你想要提出的计划、你想推销的商品、你自己本身……本书要是能对你目前的状况、你的宣讲产生一点帮助，我就会打心底里感到很高兴。

比起我曾经出版过的PPT书籍，此书加入了一些新元素，重点放在“对于听众来说，怎样才能让他们听懂”上。围绕着演讲这一主题，我还直接引用之前出版的书中一些名言。

附录

Appendix

附录1　宣讲前的检查表

1.在镜子前确认自己的服装是否干净整齐。

2.仔细听之前出场的宣讲人和主持人的话，必要的时候可以进行引用。

3.确定听众都有哪些人，都坐在什么位置上。

4.确认写有宣讲大纲、原稿的卡片是否就在手边。

5.确认鼠标就在手边（如果有需要）。

6.拿出“能作的准备都做完了”的自信来。

7.深呼吸，放松。

附录2　反省用的检查表

1.是否看着听众说话?

2.宣讲的内容是否是听众感兴趣的内容?

3.宣讲时间是否太长了？还是太短了?

4.宣讲时的语速是否合适?

5.是否有让听众的注意力下降的举动出现?

6.提问者的问题是否仔细听清了?

7.针对问题，是否作出了简洁明确的回答?

8.是否将听众的思路导向了自己希望的方向?

9.是否听到听众、主持人或在自己之前宣讲人的发言?

10.自己的宣讲是否有效果?

（※宣讲进行了一段时间之后）

附录3　PPT宣讲流程表

背景调查（尽可能在发表前一个月左右结束）

① 调查听众（听众的背景、职业、人数、兴趣、专业）。

② 预测听众会有的疑问、感想、提问内容。

③ 调查在你前后宣讲的竞争对手。（别人和你有什么区别）。

④ 准确把握发表时间（说明时间、讨论时间）。

⑤ 调查宣讲时使用的设备、机器。

资料制作（尽可能在发表前两周结束）

① 把宣讲内容归纳成关键字。

② 确定宣讲的流程。

③ 确定宣讲最后的结束语。

④ 在一张可以放在手心的卡片上写下大纲、原稿。

⑤ 搜集一些视觉性素材。

⑥ 制作一些针对听众提问的回答资料。

⑦ 制作一些分发的资料（如果有需要）。

⑧ 用和正式宣讲时一样的状态环境进行一次排练。

⑨ 事先做好自由控制宣讲时间长短的对策（比如在哪一个话题上进行调整之类）。

⑩ 宣讲时必需的东西做一个“备忘列表”。

资料修正（尽可能在发表前一周结束）

① 对着一些人试着宣讲一次，听取感想和意见，列出需要修正的地方。

② 提前作好假设笔记本电脑和PPT不能使用情况下的相应准备。

宣讲前数日

① 实地确认宣讲台、投影屏幕和听众之间的位置关系。

② 确认从听众和主持人位置看向投影屏幕的角度。

宣讲当天

用之前准备的“备忘列表”检查是否有遗忘的物品或事项。

参考书目

书名	作者及出版信息
《教你如何写出让读者感兴趣的文章》	永江朗　著 （日本放送出版协会，2004年）
《十五岁的余感》	江国香织　著 （新潮社，1998年）
《从情书到论文》	丸谷才一　著 （福武书店，1987年）
《我的广告秘诀》	广告批判人士　编 （MADORA出版社，2000年）
《向11名理科人士探听“经济学”！》	平林纯　著 （光文社，2008年）
《文章入门》	丸谷才一　著 （中央公论出版社，1995年）
《提案必胜技巧》	John Mae　著 （PRESIDENT社，1986年）
《有效地提案=极具说服力的交流》	Antony Jay　著 （TBS出版会，1972年）
Technical Presentation Skills Revised Edition	Steve Mandel　著 （CRISP LEARNING,2006年）
《提案的说服技巧》	富士Xerox document management 推进室　编 （日本经济新闻社，1989年）
Life Hacks PRESS	田口元等　著 （技术评论社，2006年）
《给理科的提案点子》	平林纯　著 （技术评论社，2006年）

图书在版编目（CIP）数据
玩着玩着就能成PPT高手 / (日) 平林纯著；颜翠译. ——长沙：湖南文艺出版社, 2012.5
ISBN 978-7-5404-5466-1

Ⅰ. ①玩… Ⅱ. ①平… ②颜… Ⅲ. ①图形软件，PowerPoint Ⅳ. ①TP391.41

中国版本图书馆CIP数据核字(2012)第051184号

书名原文: 論理的にプレゼンする技術

著作权合同登记号：图字18-2012-93

上架建议：职场技能

玩着玩着就能成PPT高手
作　　者：[日]平林纯（Jun Hirabayashi）
译　　者：颜　翠
出 版 人：刘清华
责任编辑：丁丽丹 刘诗哲
监　　制：张应娜
特约编辑：薛　婷
版权支持：辛　艳
封面设计：吕彦秋
版式设计：风　筝
出版发行：湖南文艺出版社
（长沙市雨花区东二环一段508号 邮编：410014）
网　　址：www.hnwy.net
印　　刷：北京京都六环印刷厂
经　　销：新华书店
开　　本：787mm×1092mm 1/16
字　　数：150 千字
印　　张：13
版　　次：2012年 5月第 1 版
印　　次：2012 年5月第 1 次印刷
书　　号：ISBN 978-7-5404-5466-1
定　　价：32.80 元

（若有质量问题，请致电质量监督电话：010-84409925）